非晶合金锯齿流变动力学
解锁室温剪切塑性密码

李娇娇　著

中国原子能出版社

图书在版编目（CIP）数据

非晶合金锯齿流变动力学解锁室温剪切塑性密码 / 李娇娇著. -- 北京 : 中国原子能出版社, 2024.7

ISBN 978-7-5221-3513-7

Ⅰ. TG139；TS652

中国国家版本馆 CIP 数据核字第 2024UC2187 号

非晶合金锯齿流变动力学解锁室温剪切塑性密码

出版发行	中国原子能出版社（北京市海淀区阜成路 43 号　100048）
责任编辑	付　凯
责任印制	赵　明
印　　刷	北京金港印刷有限公司
经　　销	全国新华书店
开　　本	787 mm×1092 mm　1/16
印　　张	8.75
字　　数	112 千字
版　　次	2024 年 7 月第 1 版　2024 年 7 月第 1 次印刷
书　　号	ISBN 978-7-5221-3513-7　　　**定　价　75.00 元**

发行电话：010-68452845

作者简介

李娇娇，女，汉族，1990 年 10 月出生，山西省太原市人，工学博士。2018 年受国家公派，留学美国伊利诺伊大学物理系，进行联合培养博士研究生学习，2020 年毕业于太原理工大学新材料界面科学与工程教育部重点实验室（硕博连读）材料科学与工程专业。现为中北大学机械工程学院讲师，目前主要从事金属材料及超精密加工的锯齿流变行为研究、模块化可重构机器人的变构型理论的基础研究工作。主持山西省科技厅项目 1 项、特种车辆设计制造集成技术全国重点实验室项目 1 项、先进制造山西省重点实验室项目 1 项，先后在 *Materials & Design*、*Journal of Alloys and Compounds*、*International Journal of Plasticity*、*Intermetallics* 等权威学术刊物上发表文章 10 余篇。

前言

非晶合金的室温低塑性极大地限制了其在工业上的应用，其无序态的结构难以通过现有的微观分析手段得到表征，结构信息与力学性质之间的关系尚不清楚。在缓慢增加的压缩载荷的作用下，间歇性的锯齿流变事件出现在非晶合金塑性变形过程中，具体表现为应力或载荷随应变或时间呈锯齿状前进。锯齿流变动力学反应剪切带过程，为非晶合金塑性流变机理的阐明提供了一种有效的手段。锯齿数目成百上千，锯齿事件的大小和发生时间无特征规律。

基于此，本书深入挖掘非晶合金室温塑性变形机理，借助锯齿流变事件的动力学规律，较为全面地展现了锯齿流变解锁非晶合金室温剪切塑性的研究成果。第 1 章梳理了非晶合金室温塑性的影响因素及塑性流变机理的研究进展；第 2 章主要介绍了非晶合金锯齿流变，包括锯齿流变特征参数、锯齿流变研究过程中的数学方法及锯齿流变理论模型；第 3 章重点分析了非晶合金锯齿流变动力学的可调临界性；第 4 章着重研究了锯齿流变中的剪切温升；第 5 章主要探讨了非晶合金锯齿流变隐藏的结构信息。

本书选题新颖独到，数据丰富翔实，各章内容联系密切，逐步深入，可为读者开展金属材料锯齿流变、金属材料变形机理及先进制造加工过程中的震荡现象等研究工作提供参考。

作者在本书写作过程中，参考引用了许多国内外学者的相关研究成果，也得到了许多专家和同行的帮助和支持，在此表示诚挚的感谢。由于作者的专业领域和实验环境所限，加之作者的研究水平有限，本书难以做到全面系统，谬误之处在所难免，敬请同行和读者提出宝贵意见。

目 录

第 1 章　非晶合金塑性

1.1　引　言

人类文明的发展史也是一部材料革命史，经历了石器时代、青铜器时代、铁器时代，人类致力于认识和改造自然物质，并建造了我们生活的世界。房屋、交通、通讯、艺术等的发展，都伴随着人类对优异材料永无止境的探索和追求。

非晶合金被称为金属材料界的一颗新星[1–6]。从外观上看，它与传统的金属材料并无异处。非晶合金到底有何魅力能够引起科学界与工业界的巨大关注呢？这要归功于它拥有许多优异的物理、化学和力学性质。与传统的金属磁性材料相比，铁基非晶合金的导磁率高，作为变压器铁芯可以大大降低电损耗[1,6]。不锈钢的耐蚀性很强，但锆基非晶合金的抗腐蚀性竟比其强一百倍，因而被制作成手术刀[3]。非晶合金自由坠落碰到地面后可以反弹半米高，弹性极好。实验证实，非晶合金的弹性极限远高于传统晶态金属材料，通常为 2%[4]。此外，非晶合金有着极高的强度和硬度，几乎每种非晶合金的强度和硬度都是同合金系晶体金属强度和硬度的数倍甚至几十倍。普通锆基非晶合金的屈服强度高于 1.5 GPa[1]，铁基非晶合金的屈服强度可达 3 GPa[6]，钴基非晶合金的屈服强度创纪录地高到 6 GPa[2]。Mg 合金的维氏硬度大多不足 100 HV，Mg 基非晶合金的维氏硬度可达 300 HV；而 Zr 基和 Pd 基非晶合金的维氏硬度高达 500 HV[6]。非晶合金优异的力学性质是它区别于传统金属材料的最主要的优势，已在体育、电子产品、军工和航空航天等领域得以应用。

然而，非晶合金这颗新星受到自身室温脆性的限制无法大放光彩[1,3]。非晶合金常常表现为室温拉伸零塑性，仅在压缩时有一些塑性[5]。非晶合金如此脆要归因于它特殊的非晶态结构，即组成物质的金属原子在空间排列上长程无序，仅在几个原子间距范围内隐藏着一些有序的特性[1,6]，图 1-1 是非晶合金和晶态金属的原子结构的示意图。非晶合金是由金属熔体快速冷淬所制，熔体原子杂乱排列的无序态被冻结。准静态加载下，作为冷冻液体的非晶合金弛豫太慢，只有局域范围的原子发生剧烈形变，局域失稳聚集进而形成剪切带，剪切带很快发展成裂纹，非晶合金最终灾难性地断裂[6]。因此，非晶态结构决定了非晶合金的塑性流变不稳定性。

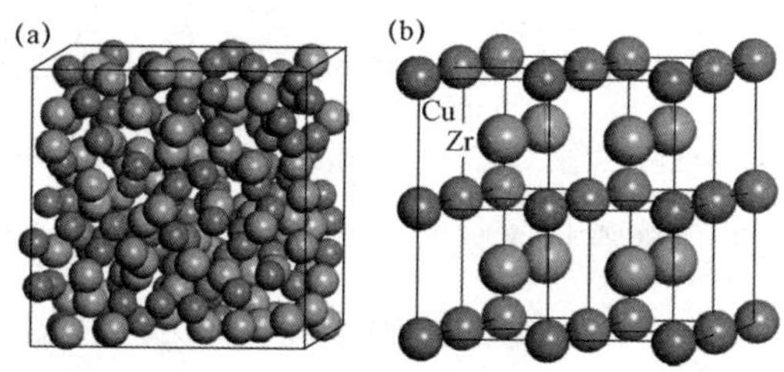

图 1-1　非晶合金和晶体金属的原子结构对比

（a）无序的非晶合金，（b）有序的晶态金属[5]

为了克服非晶合金的室温脆性，需要从原子层面上认识非晶合金塑性的起源和演变机理。由于缺乏原子尺度分辨率的观测手段，目前难以直接观察到原子范围内的形变，从局域失稳到宏观断裂的过程更不清楚[6]。科研工作者们转而搭建结构模型以阐明非晶合金的脆性本质，被广泛认可的理论模型有自由体积模型、剪切转变区模型、协同剪切模型和流变单元模型[7–10]。这些理论模型的共同之处是，非晶合金中的一些易变形区或软区在缓慢增加的外力作用下失稳而滑移，失稳软区聚集进而发展成为剪切带。这些模型虽然能够在一定程度上解释非晶合金的塑性起源，仍无法清楚地阐明整个塑性流变过程。

剪切带被视为非晶合金塑性变形的介微观载体[3,11]。剪切带并不是非晶合金独有的，其在许多受外力作用的材料中出现，如流体、粒状固体、高分子及晶体合金[11]。当材料的某一易变性区的应力增大到该区域的临界剪切应力时，易变形区发生剪切变形，一条剪切带因该区域的应变集中而形核。形核后的剪切带沿剪切方向继续长大，甚至可以穿过整个试样。对非晶合金而言，剪切带可以调控产生一些塑性，但是剪切带长大很快进而发展成裂纹，最终导致材料的失效[3]。非晶合金灾难性的断裂通常是由单一主剪切带的快速扩展失稳所致。在该情况下，拉伸塑性应变近零，压缩塑性应变大多不足5%。研究发现，若多重剪切带出现且剪切带之间的交互作用强烈时，非晶合金可产生20%以上的压缩塑性应变[12]。因此，剪切带演变过程的理解对于预测非晶合金的塑性变形能力是非常重要的，也有助于非晶合金塑性提高的方案设计。

剪切带形核局域性强且扩展速度快，剪切带过程的实时监控是困难的。根据原子尺度结构模型，在剪切带扩展之前，即剪切带形核过程中，剪切区材料会发生膨胀，膨胀长度约为组成非晶合金的金属原子的平均直径的10%，不足1 Å，所以现有的检测手段无法捕捉到如此微小的变化[6,11]。剪切带扩展机制尚不清楚，也就是说，对剪切带如何扩展以及剪切带扩展耗散时间的问题上没有给出统一的定论。目前为止，渐进扩展和同时扩展两种扩展机制被提出[13–15]，已报道的剪切带扩展耗散时间有短至几十个纳秒的，也有长至几秒的，研究结果很不一致[16–18]。

锯齿流变事件出现在非晶合金准静态压缩塑性变形过程中，为揭示剪切带信息进而理解塑性流变机理提供了有力手段。锯齿流变事件在材料研究中大多表现为应力-应变或应力-时间曲线上应力的锯齿状波动。剪切带的形核、扩展、被捕获等过程的反复发生产生了间歇性的锯齿流变。锯齿事件大小不一，无特征尺度，这类似非晶合金复杂的原子空间排列方式。与非晶合金的塑性变形能力一样，锯齿事件的特征参数同样受到材料成分、加载应力、应变速率、温度、试样几何尺寸等因素的影响[19–22]。因此，锯齿流变事件可作为搭建剪切带过程与宏观塑性之间关系的桥梁。

此外，地震、山体滑坡、雪崩等地质灾害，大坝裂缝，采矿中的煤与瓦斯突出等的研究与预测一直是人类关注的课题。实际上，地质系统和大型工程是由大量砂石、土壤和液体的无序混合、堆积形成的一个宏观非晶体系[6]，地震、山体滑坡、雪崩、开裂、煤与瓦斯突出等失稳事件也如同非晶合金塑性变形过程中剪切带的不稳定扩展，其发生的时间突然且爆发的位置不确定。从广义上讲，非晶合金的锯齿流变动力学研究可以提供地质灾害及工程中开裂失稳事件的实验级研究模型，有助于预测灾害的发生，降低灾害造成的损失。

1.2 非晶合金室温压缩塑性影响

非晶合金在室温拉伸时零塑性，在室温压缩下产生少量的塑性，通常不足 5%。研究发现，非晶合金的室温塑性变形能力受成分、加载应变速率、试样的几何尺寸、测试机器的刚度等因素影响。通过调控这些因素，非晶合金的室温压缩塑性变形能力可以显著提高，塑性应变可达 20%以上[23]。非晶合金的压缩塑性变形机理以及大塑性实现的探索极大地吸引着科研工作者的兴趣。此外，已报道的研究结果指明剪切带过程及剪切带的失稳扩展机制的认知是理解非晶合金塑性变形机制的关键。

1.2.1 成分对室温塑性的影响

与晶体金属类似，成分可以调控非晶合金的压缩塑性变形能力[23–30]。成分设计主要从两方面展开：一方面是组成物质的元素种类的调控（即不同合金体系）；另一方面是在元素种类确定的情况下，相应元素的原子百分比的调控。在比较成分对压缩塑性变形能力的影响时，对加载条件和试样尺寸的标准设定是必要的，譬如非晶合金试样的几何尺寸被选定为直径为 2 mm 且长度为 4 mm 的棒材，压缩应变速率被选定为 10^{-4} s^{-1}。

合金体系或组成非晶合金的元素种类影响塑性变形能力。2009 年，Wang 等人研究了 5 种不同合金体系的 Zr 基和 Cu 基非晶合金，其压缩塑性变形能力不同，压缩应变范围为 1.4%～8.9%[19]。2010 年，Sun 等人对 8 种不同合金体系的 Zr 基和 Cu 基非晶合金进行了压缩测试，如图 1-2（a）所示，压缩塑性应变有小至 1.5%的，也有大到 30%的[25]。对非晶合金而言，脆性断裂通常对应压缩塑性应变＜2%，韧性断裂则对应压缩塑性应变≥2%且＜20%，当压缩塑性应变≥20%时出现超塑性变形[5]。由此可见，非金合金的压缩塑性受元素种类影响。与成本较低的 Fe 基非晶合金相比较，一般情况下，Pd 基、Zr 基、Cu 基非晶合金的塑性变形能力较好。

组成非晶合金元素的原子百分比影响塑性变形能力。2013 年，Ma 等人重新研究了 $Cu_{46}Zr_{46}Al_8$ 非晶合金体系，不同含量的 Ti 元素替换 Al 元素，得到同系列非晶合金 $Cu_{46}Zr_{46}Al_{8-x}Ti_x$（$x$=0，1.6，3.2，4.0，4.8，6.4 和 8.0），分别被称为 T0，T1.6，T3.2，T4.0，T4.8，T6.4，和 T8.0[26]。如图 1-2（b）所示，室温压缩结果说明 T4.0 非晶合金的塑性变形能力最好，塑性应变约为 12%。2014 年，Thurnheer 等人研究了 $Zr_xCu_{90-x}Al_{10}$（x=45，50，55 和 60）

系列非晶合金，并对试样进行了预制缺口处理，当测试环境温度为 243 K 时，压缩塑性变形能力随 Zr 原子百分比的增加而增大[28]。

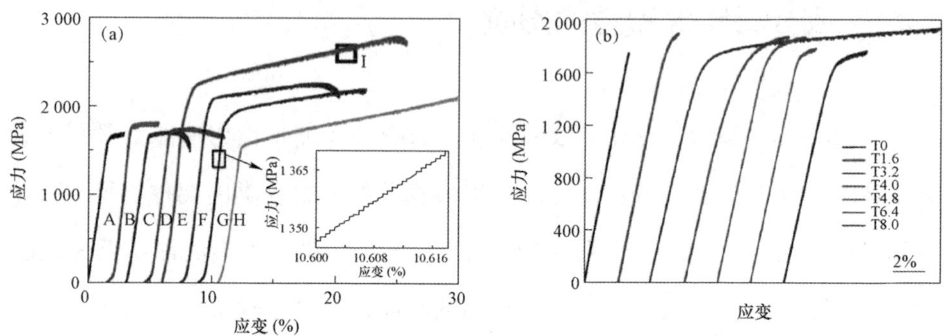

图 1-2 （a）不同合金体系的非晶合金的室温压缩应力-应变曲线
［A：$Zr_{41.25}Ti_{13.75}Ni_{10}Cu_{12.5}Be_{22.5}$（俗称 Vit1）；B：$Zr_{52.5}Ti_5Ni_{14.6}Cu_{17.9}Al_{10}$（俗称 Vit105）；C：$Zr_{57}Nb_5Ni_{12.6}Cu_{15.4}Al_{10}$（俗称 Vit106）；D：$Zr_{61.2}Ni_{13.05}Cu_{15.75}Al_{10}$；E：Vit105（预处理过的）；F：$Cu_{47.5}Zr_{47.5}Al_5$；G：$Zr_{62}Ni_{12.5}Cu_{15.5}Al_{10}$；H：$Zr_{64.13}Ni_{10.12}Cu_{15.75}Al_{10}$］[25]
（b）$Cu_{46}Zr_{46}Al_{8-x}Ti_x$（$x$=0，1.6，3.2，4.0，4.8，6.4，和 8.0）
非晶合金的压缩应力-应变曲线[26]

非晶合金的塑性变形能力与其泊松比正相关。泊松比 v 是指材料在单轴受拉或受压时，横向正应变与轴向正应变的绝对值的比值，被视为非晶合金本征韧脆性的一个重要参数[4,30]。研究发现，非晶合金的泊松比范围为 0.25～0.43[30]。本征韧性的 Pd 基非晶合金的泊松比 v 较大，约为 0.42，剪切带过程主导塑性变形。而本征脆性的 Mg 基、Co 基和 Fe 基非晶合金的泊松比均小于 0.33，压缩后样品成为碎渣，开裂倾向大。两个重要的临界泊松比 $v_1=0.339$ 和 $v_2=0.382$ 被提出，且将非晶合金划分为三类[30]：当 $v<v_1$，非晶合金塑性变形以开裂倾向为主；当 $v>v_2$，非晶合金塑性变形以剪切带过程为主；当 $v_1\leqslant v\leqslant v_2$，非晶合金处于开裂与剪切带的竞争态[30]。Zr 基非晶合金的泊松比范围为 0.35～0.38，属于开裂与剪切的竞争范畴。与 Pd 基非晶合金相比，Zr 基非晶合金的塑性变形能力虽然略差，但其成本上的优势明显。2007 年，中科院物理研究所的汪卫华院士课题组通过成分调控，获得了三种拥有超塑性变形能力的 Zr 基非晶合金，其成分为 $Zr_{61.88}Cu_{18}Ni_{10.12}Al_{10}$、$Zr_{64.13}Cu_{15.75}Ni_{10.12}Al_{10}$ 和 $Zr_{62}Cu_{15.5}Ni_{12.5}Al_{10}$，分别被简称为 S1、S2 和 S3，对应的泊松比值是 0.377、0.377 和 0.378[23]，实现了大塑性非晶合金的开发。

1.2.2 应变速率对室温塑性的影响

加载应变速率可以调控非晶合金的塑性变形能力。2011 年，Ren 等人研究了 $Cu_{50}Zr_{50}Ti_5$ 非晶合金（直径为 2 mm 且高度为 4 mm 的棒状试样）在不同压缩应变速率下的变形行为，测试应变速率有 2.5×10^{-5} s^{-1}、2.5×10^{-4} s^{-1}、2.5×10^{-3} s^{-1} 和 2.5×10^{-2} s^{-1}[20]。研究结果指出，在测试应变速率范围内，$Cu_{50}Zr_{50}Ti_5$ 非晶合金的室温屈服强度变化非常小，应变速率为 2.5×10^{-4} s^{-1} 和 2.5×10^{-3} s^{-1} 时的塑性应变大于应变速率为 2.5×10^{-5} s^{-1} 和 2.5×10^{-2} s^{-1} 时的塑性应变[20]。2012 年，Xue 等人研究了高非晶形成能力的 $Zr_{65}Al_{7.5}Ni_{10}Cu_{17.5}$ 非晶合金（直径为 3 mm 且高度为 6 mm）的变形行为[31,32]，应变速率从 1.6×10^{-5} s^{-1} 增加到 1.6×10^{-1} s^{-1}，如图 1-3 所示。该合金在 1.6×10^{-2} s^{-1} 的应变速率下展现出最大的塑性应变，约为 12%。因此，压缩应变速率影响非晶合金的塑性变形能力。此外，断裂试样的剪切带形貌显示，塑性应变较大情况下，剪切带密度大且剪切带的交互作用强烈。

1.2.3 试样几何尺寸对室温塑性的影响

就块体非晶合金而言，试样尺寸的减小同样可以提高非晶合金的塑性变形能力[22,29,33–39]。块体非晶合金的尺寸减小有两种方式（以棒状试样为例），一种是在试样高径比一定的条件下直径的减小，另一种则是在试样直径一定的情况高度的减小，即高径比的减小。图 1-4（a）中，当 Ti 基非晶合金的直径为 6 mm 时，其室温压缩塑性应变仅约 2%。塑性应变随着试样直径的减小而逐渐增大。当直径减小至 1 mm 时，塑性应变超过 10%[33]。本征脆性的 Fe 基非晶合金，当样品的直径是 2 mm 时，室温压缩塑性应变接近零；而当样品的直径减小至 1 mm，非晶合金能展现出接近 1%的塑性应变[34]。图 1-4（b）中，随着试样高度的减小，Zr 基非晶合金的压缩塑性应变逐渐增大，最终可以出现超塑性变形，即压缩应变大于 20%[38]。总结而言，非晶合金越小越韧[33]。

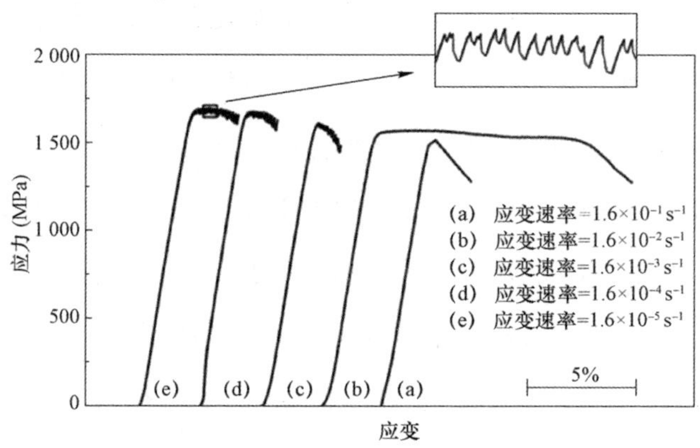

图 1-3　$Zr_{65}Al_{7.5}Ni_{10}Cu_{17.5}$ 非晶合金在不同应变速率下的压缩应力-应变曲线[32]

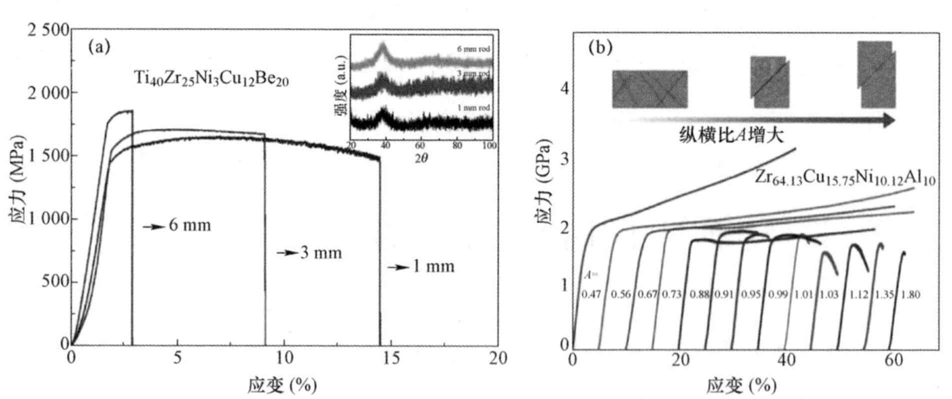

图 1-4　（a）$Ti_{40}Zr_{25}Ni_{3}Cu_{12}Be_{20}$ 非晶合金随试样直径变化的压缩应力-应变曲线[33]
（b）$Zr_{64.13}Cu_{15.75}Ni_{10.12}Al_{10}$ 非晶合金随试样高径比变化的应力-应变曲线[38]

1.2.4 机器刚度对室温塑性的影响

机器刚度对非晶合金塑性变形能力的影响不容忽视[29,35]。非晶合金灾难性的断裂源于剪切带的不稳定扩展。实际上，测试过程中，外力要经过机器的上下加载平盘。所以，外力做功产生的能量是传递到了由试样和机器串联组成的测试系统中。目前较为一致的结论是，测试机器刚度的增大可以阻碍主剪切带的不稳定扩展，非晶合金试样的塑性越好[29,35]，如图 1-5 所示。

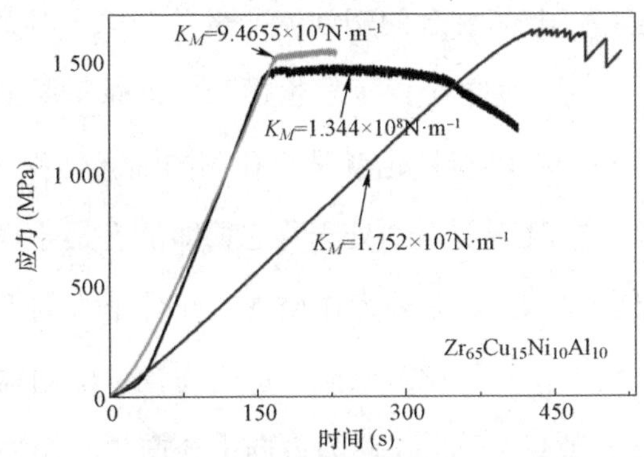

图 1-5 不同测试器刚度下的非晶合金压缩应力-时间曲线[29]

1.3 非晶合金塑形流变机理

非晶合金室温低塑性的克服是非晶合金工业应用的关键，许多科研工作者借助于理论模型的搭建以理解非晶合金的塑性变形机理，目前较有代表性的变形模型有自由体积模型、剪切转变区模型、协同剪切模型和拉伸转变区模型。这些理论模型在非晶合金塑性起源、塑性流变及断裂方面的解释上各有优势和不足。

1.3.1 自由体积理论

经典的自由体积模型最初是由 Turnbull 和 Cohen 提出以描述玻璃液体中的分子传递过程。1977 年，哈佛大学的 Spaepen 将自由体积理论拓展到非晶合金塑性流变的描述中，该理论采用自由体积作为有序参数，认为塑性流变事件是应力驱动下的结构无序的产生与扩散引起的结构无序的湮灭二者之间的动态竞争过程[7]。

自由体积模型中，非晶合金的塑性流变是单个原子跳跃的结果，其物理过程如图 1-6 所示，为了使单个原子发生跳跃，该原子周围必须有一个足够大的孔洞可以迎合原子的跳跃，也就是说孔洞的临界体积（即最小体积）v^* 等于原子体积。原子在跳跃前后均处于稳态，即拥有最小局域自由能。原子跳跃需要克服激活能垒ΔG^m。无外力作用下，在各个方向上跳跃原子数目相同；剪切应力 τ 作用下，原子跳跃倾向于应力方向，即向前跳跃的原子数目多于向后跳跃的原子数目，于是在应力方向上会产生一个原子净增量而最终形成塑性流变。

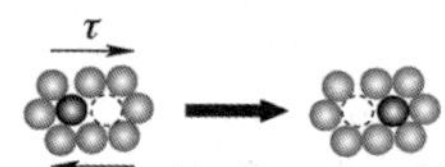

图 1-6　自由体积模型原子跳跃示意图[5,7]

为了定量描述这一物理过程，Spaepen 构建了单个原子的平均自由体积 v_f 这一状态参数的本构方程，宏观塑性应变速率 $\dot{\gamma}$ 为[7]：

$$\dot{\gamma}=\exp\left(-\frac{\gamma v^*}{v_f}\right)2\vartheta\sin h\left(\frac{\tau\Omega}{2k_BT}\right)\exp\left(-\frac{\Delta G^m}{k_BT}\right) \tag{1-1}$$

其中，单个原子处于潜在跳跃位置的总概率为$\exp\left(-\frac{\gamma v^*}{v_f}\right)$。$\gamma$ 是一个几何参

数，介于 0.5 到 1 之间。ϑ，Ω，k_B 和 T 分别是尝试频率，原子体积，玻尔兹曼常数和温度。在足够高的应力水平下，原子挤进其临近的孔洞而产生一定量的自由体积，而原子的扩散弛豫会湮灭产生的自由体积，二者竞争下，自由体积的动态演变为：

$$v_f = v^* N \vartheta exp\left(-\frac{\gamma v^*}{v_f}\right)\exp\left(-\frac{\Delta G^m}{k_B T}\right)\left\{\frac{2\gamma k_B T}{v_f S}\left[\cosh\left(\frac{\tau\Omega}{2k_B T}\right)-\frac{1}{n_D}\right]\right\} \quad (1\text{-}2)$$

其中，N 是原子的总数目；S 是迪拜模量；n_D 是湮灭大小为 v^* 的自由体积所需的扩散原子数目。

自由体积协助原子运动，从而产生了塑性变形。自由体积理论模型能够较为直观地阐明非晶合金的塑性起源，在塑性变形的演变过程的解释上不足。此外，自由体积模型在搭建时基于硬球系统，就非晶合金而言，由于原子间电位的谐波特性，当外力足够大时，原子是可以在无自由体积的情况下挤进狭小的空间的，因此自由体积模型在扩散研究方面也遭遇了挑战。

1.3.2　剪切转变模型

Argon 认识到自由体积模型中仅靠单个原子的运动无法产生塑性流变，形变的基本单元是原子团簇（包含几个到上百个原子），该原子团簇被称作剪切转变（shear transformation，ST），在剪切应力的作用下，有着低原子密度特征的原子团簇发生非弹性重排而形成剪切转变[8]，如图 1-7 所示。Falk 和 Langer 将 Argon 的剪切转变模型进行拓展，进而提出剪切转变区（shear transformation zone，STZ）模型[40]，认为剪切转变区作为流变缺陷事先存在于非晶合金中。对非晶合金来说，剪切转变区已成为目前实验数据解释方面最为流行的术语。与自由体积理论模型类似，在剪切转变区模型中，剪切转变区的非弹性重排是热激活的，会引起结构膨胀。

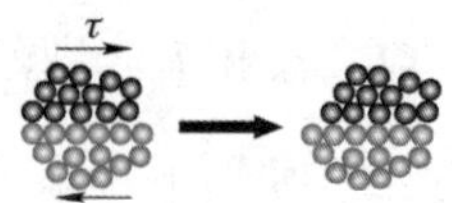

图 1-7　剪切转变模型的原子团簇剪切示意图[8]

剪切转变区的激活能 ΔF_0 为[40]：

$$\Delta F_0 = \left[\frac{7-5\nu}{30(1-\nu)} + \frac{2(1+\nu)}{9(1-\nu)}\iota^2 + \frac{1}{2\gamma}\frac{\tau_0}{G(T)} \right] G(T)\,\gamma_c^2 \Omega_c \tag{1-3}$$

其中，τ_0 是剪切转变区转变时的无热剪切应力，$G(T)$ 是温度相关的剪切模量，ν 是材料的泊松比 。ι 被称作膨胀因子，指的是膨胀应变与剪切应变的比值。γ_c 和 Ω_c 分别是一个剪切转变区的特征应变和特征体积。Ω_c 取决于材料的成分和结构状态，在高温下 Ω_c 约为 0.1，低温下 Ω_c 约为 1。剪切应力作用下，剪切转变区发生剪切重排产生的宏观剪切应变 γ 为[40]：

$$\gamma = C_\zeta \gamma_c H_{STZ} \tag{1-4}$$

其中，C_ζ 是剪切转变区的浓度，即单位体积材料中剪切转变区所占分数。H_{STZ} 是一个剪切转变区的净激活频率[41]：

$$H_{STZ} = f\left[\exp\left(-\frac{Q-\tau\Omega_c}{k_B T}\right) - \exp\left(-\frac{Q+\tau\Omega_c}{k_B T}\right)\right] \tag{1-5}$$

其中，Q 是一个剪切转变区在无应力场时的激活能垒。目前，大量研究结果指出剪切转变区的激活能垒大约在 30～80 kJ/mol，剪切转变区体积大约等于 10 Å^3。

1.3.3　协同转变模型

Johnson 和 Samwer 将剪切转变区理论与势能形貌理论融合，提出了协同剪切模型以理解非晶合金的变形机制和流变性质[9]。基于势能形貌理论，玻璃形成系统包含若干稳定构型态，这些稳定构型态处在能量低谷且由能垒分开。图 1-8 系统地说明了以势能理论为基础的塑性流变机理。理论上讲，非晶合金中的流变事件或构型跳跃是指，在应力或温度驱动下，系统从一个能量低谷逃离而跳到另一个能量低谷的过程。β 流变事件是随机，系统在能量低谷间跳跃式可逆的。α 流变事件中，系统从一个能量低谷向另一个能量低谷的跳跃是不可逆的。从势能理论的角度上说，一个纳米级的流变事件是局域性的且受周围原子的局限，该种流变事件被称作 β 弛豫；相比较而言，α 弛豫的发生则要求流变缺陷如剪切转变区的渗漏，即需要大量原子的迁移，产生不可逆的结构变化，最终引起材料的塑性流变。

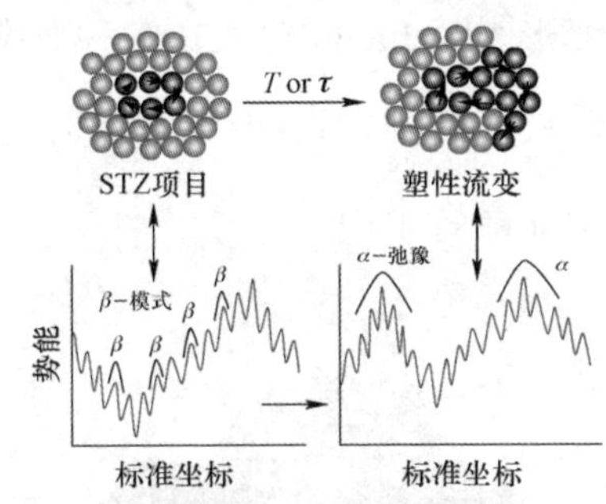

图 1-8　左图：剪切转变区激活的示意图，右图：剪切转变区渗漏引发塑性流变示意图[5,9]

Johnson 和 Samwer 研究了约 30 种非晶合金的室温弹性常数和压缩屈服强度，基于协同转变模型，他们给出了温度相关的屈服应力 τ_{CT} 的普适规律[9]：

$$\tau_{CT} / G = \gamma_{C0} - \gamma_{C1}(t)^{2/3} \tag{1-6}$$

其中，G 为剪切模量，γ_{C0} 和 γ_{C1} 是应变常数，均与材料弱相关，有 $\gamma_{C0} = 0.036 \pm 0.002$，$\gamma_{C1} = 0.016 \pm 0.002$。温度函数 $t = T / T_g$，T 和 T_g 分别是室温和玻璃转变温度。在 Jonshon 和 Samwer 的研究基础上，Pan 等人提出了剪切转变区体积的计算公式，并发现有着大泊松比值的 $Pd_{40}Ni_{40}P_{20}$ 非晶合金的剪切转变区体积大（6.56 nm^3），有着较小泊松比值的 $Zr_{44}Cu_{44}Al_6Ag_6$ 非晶合金的剪切转变区体积较小（2.54 nm^3）。泊松比可作为衡量非晶合金本征韧脆性的一个重要物理参数，因而 Pan 等人搭建了剪切转变区的体积与非晶合金的韧性之间的正相关性。

1.3.4 拉伸转变区模型

就非晶合金而言，剪切变形和体积膨胀是耦合出现的。非晶合金的断裂面常常呈现微米尺度的脉络花纹形貌，这与剪切变形密切相关。研究发现某些脆性非晶合金的断裂面镜面区呈现出纳米尺度的周期性起伏的波纹（nanoscale periodic corrugation，NPC），如图 1-9 所示，该形貌的出现暗示膨胀主导裂纹尖端前沿的变形[41]。Jiang 等人在一种典型的韧性非晶合金的断裂面上同样观察到了纳米尺度的周期性起伏的波纹，这说明纳米尺度的周期性起伏的波纹普遍存在于非晶合金中。

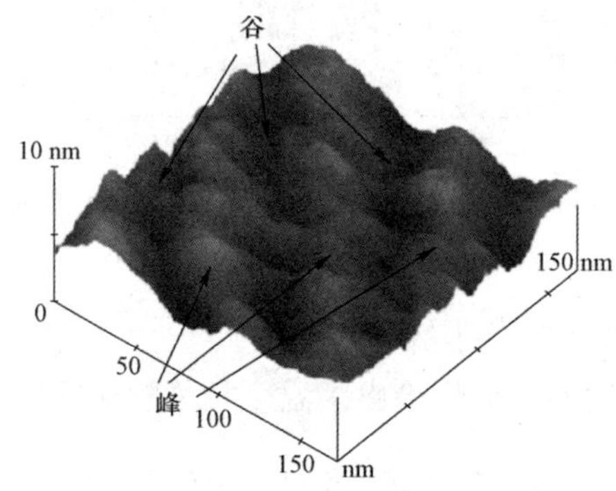

图 1-9　纳米尺度的周期性起伏的波纹的表面形貌表征[4,41]

非晶合金中纳米尺度的周期性起伏的波纹指明流体半月板不稳定性的普遍存在，不稳定性出现的条件为[42]：

$$\lambda \geqslant \lambda_c = 2\pi\sqrt{\frac{\chi}{\mathrm{d}\sigma/\mathrm{d}x}} \tag{1-7}$$

其中，λ 是半月板的初始扰动波长，λ_c 是临界长度，χ 是表面能，$\mathrm{d}\sigma/\mathrm{d}t$ 是裂纹尖端前沿的负压力梯度。根据方程（1-7），当初始扰动波长大于临界值时，半月板的初始不稳定性会变大。借用泰勒的半月板不稳定性准则，λ_c 可进一步由方程（1-8）计算：

$$\lambda_c = \frac{\lambda_s}{\sqrt{3}} \tag{1-8}$$

其中，λ_s 是引起最终形态尺寸不稳定性的主波长，其计算为：

$$\lambda_s = 12\pi^2 A(n)\chi / \tau_y \tag{1-9}$$

其中，τ_y 可以取屈服强度。$A(n)$ 是非线性指数 n 的函数，指数 n 落在 1（牛顿粘度）到 0（理想塑性）之间。

已有的研究报道证实流体半月板或是裂纹尖端的曲率半径 R，可以直接地测量局域软化的长度。换而言之，R 可以表征断裂形态的尺度，从而决定非晶合金的断裂韧性。因此，根据半月板不稳定性准则即方程（1-7），当 $R \geqslant \lambda_c$ 时，半月板不稳定性发展，最终导致典型的脉络花纹形貌。在这种情况下，能量耗散主要依靠局域塑性流变或是裂纹尖端前沿的软化。而当 $R < \lambda_c$ 时，扰动消失，裂纹尖端前沿常常保持一条直线，呈现出准解理断裂特征。因此，裂纹尖端的曲率半径是能量耗散的决定性参数，可以影响非晶合金的断裂性质。

Jiang 等人提出了拉伸转变区（tension transformation zone，TTZ）模型以理解纳米级的周期性起伏的波纹的形成[42]。与剪切转变区相似的是，一个拉伸转变区是一个原子团簇。如图 1-10 所示，与剪切转变区不同的是，拉伸转变区的主要变形模式是膨胀，在拉应力作用下易于开裂。拉伸转变区的出现必须满足两个条件：① 裂纹尖端处有着高的拉应力；② 裂纹扩展的耗散时间极短，短于结构弛豫或塑性流变耗散时间。非晶合金常常发生以剪切转变区变形主导的剪切断裂，在动态准解理开裂过程中，当满足上述的两个条件时，被视为剪切转变区的瞬时激活态的拉伸转变区出现。

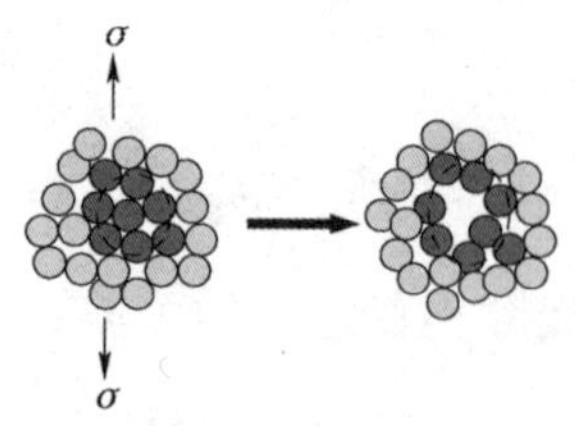

图 1-10　拉伸转变区的形变二维示意图[5,42]

基于拉伸转变区模型，纳米尺度的周期性起伏的波纹的形成可分为两步。局域准解理区的形成是周期性起伏的波纹的产生的第一步。假设非晶合金的宏观屈服应力为σ_y，半径为R的裂纹开启于试样的表面，如图 1-11（a）所示。在裂纹扩展的过程中，一旦满足条件$R<\lambda_c$，由于裂纹尖端前沿的局域软化区域非常小，半月板不稳定性引起的裂纹扩展会被抑制。与此同时，当R减小到纳米尺度时，应力奇异点的出现会引起垂直于裂纹的拉应力达到峰值，峰值拉应力导致裂纹尖端前沿的若干拉伸转变区出现。自此，一个包含若干拉伸转变区的准解理区域在预形成的断裂过程区形成，如图 1-11（b）所示（‘S’和‘T’分别代表剪切转变区和拉伸转变区）。图 1-11（c）是裂纹尖端前沿的原子团簇的放大图，局域准解理区为应力的迅速衰减提供了媒介，使得准解理区的一边达到高的理论强度值σ_{th}，另一边满足低的宏观屈服强度σ_y。拉应力的迅速降低归功于新表面的快速形成。如图 1-11（d）所示，在第一步结束时，介于裂纹表面和局域准解理区之间的少量剪切转变区被激活。最终，由于负应力的失配，局域准解理区的聚集产生了一个长裂纹[对应于图 1-11（d）中的第二步]，聚集区对应于周期性起伏的波纹的波峰区。总而言之，裂纹尖端前沿的剪切转变区和拉伸转变区的交替激活导致了裂纹的被捕（对应第一步）和扩展（对应第二步），最终产生了周期性起伏的波纹。

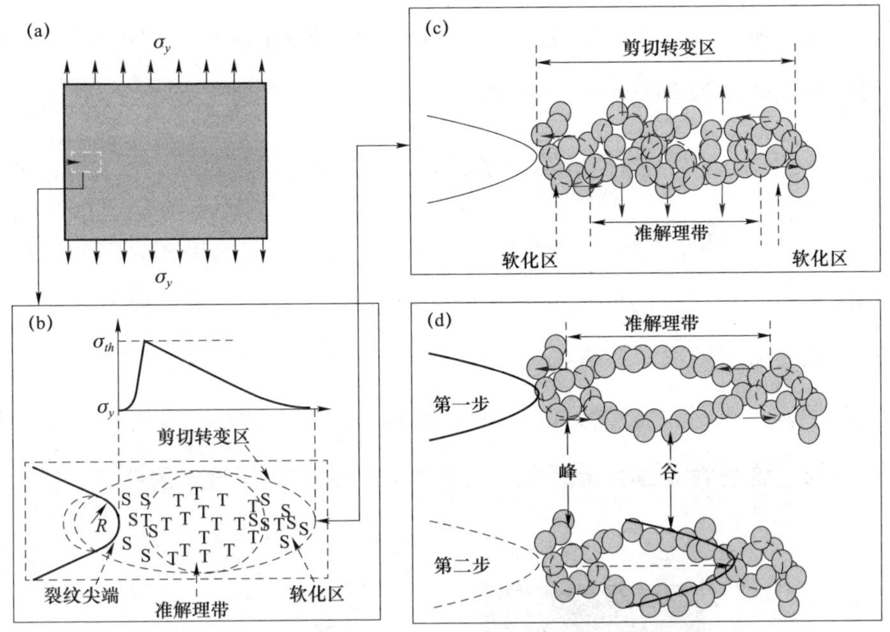

图 1-11　剪切转变区（S）和拉伸转变区（T）的交替激活形成纳米尺度的周期性起伏的波纹[42]

1.3.5　流变单元模型

为了描述非晶合金的结构不均匀性，流变单元（flow units）这一定义非晶合金动力学“缺陷”的概念被提出[43–45]。流变单元是由纳米级的原子团簇构成，相比于非晶结构中的其他区域，流变单元出现在原子排列较为疏松或原子间结合较弱的区域，该区域具有较低的强度、模量、黏滞系数和较高的原子流动性，处于较高能态。所以，在加载应力作用下，流变单元会首先越过其激活能垒而发生剪切流变。

非晶合金结构可以被模型化为弹性的理想非晶和流变单元的组合，即非晶合金=理想弹性基底+流变单元，如图 1-12（a）所示。采用三参数粘弹性模型（基于 Voigt 模型）可以模拟非晶合金的粘弹性行为，如图 1-12（b）所示，左边的弹簧代表非晶合金弹性基底，与之并联的是一个缓冲器和第二根弹簧，分别代表流变单元和流变单元壳，进而得到本构方程[43,45]:

$$E_2\sigma+\eta\frac{\mathrm{d}\sigma}{\mathrm{d}t}=E_1E_2\varepsilon+(E_1+E_2)\eta\frac{\mathrm{d}\varepsilon}{\mathrm{d}t} \tag{1-10}$$

其中，E_1、E_2和η分别代表非晶基底的弹性模量、流变单元贡献的弹性模量和流变单元激活过后的黏度。基于本构方程（1-10），可以模拟非晶合金的应力应变滞后回线，并得到流变单元激活后的黏度η在1.5～4 GP • s，该值指向了流变单元的类液特性。此外，不同非晶合金体系的流变单元密度和性质不同，这些为非晶合金塑性流变机理的研究提供了理论思路。

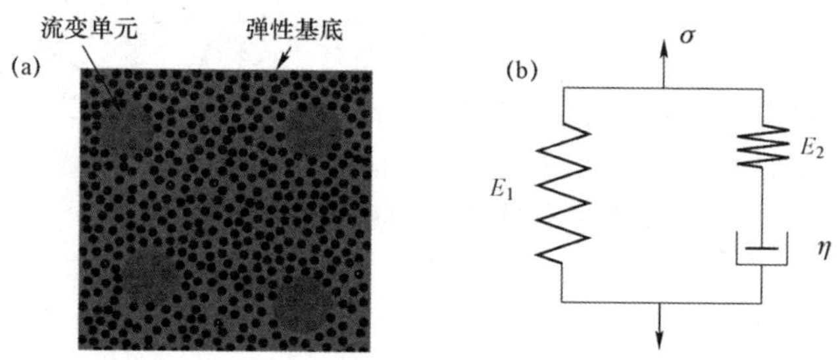

图 1-12　（a）流变单元嵌入非晶合金弹性基底示意图，（b）非晶合金的三参数粘弹性模型示意图[45]

1.4　本章小结

本章简单介绍了非晶合金优异的力学性质如：高强度、大弹性极限、耐磨损和抗腐蚀等力学和化学性能，重点介绍了非晶合金室温塑性研究进展。大量的研究结果指出，非晶合金的室温准静态压缩塑性与非晶合金成分、测试温度、测试应变速率、试样几何尺寸、机器刚度等内外因素有关，通过成分的调控可以开发大压缩塑性的非晶合金体系，这些非晶合金常常呈现多重剪切带交互作用的形貌特征。测试温度、测试应变速率、试样几何尺寸和机器刚度对非晶合金的压缩塑性变形能力的影响作用不可忽视，压缩塑性应变表现出测试温度和测试应变速率依赖性，但非线性相关。试样的几何尺寸越小，机器刚度越大，非晶合金的压缩塑性变形能力越好。

非晶合金结构信息的研究是理解从而探索大塑性变形非晶合金的必由之路。但是，非晶合金长程无序，仅存在某些中程或短程有序结构，现有的表征手段难以直接跟踪塑性流变过程中非晶合金的结构信息，因而激发了塑性起源的理论研究。这些理论包括：自由体积、剪切转变、协同剪切、拉伸转变区及流变单元理论模型，这些模型的共同之处认为：非晶合金中普遍存在原子排列松散或结合较弱的类液区（也可称为软区）和硬区，在剪切应力的作用下，类液区首先越过其激活能垒而发生剪切结构重排，类液区的协同作用触发非晶合金产生宏观剪切变形。但是，这些理论还远不完美，由于实验手段不能直接原位观测，类液区的数学定义和描述仍不准确，也就无法通过调控类液区精准控制非晶合金的塑性变形能力。本书第 2 章介绍了一种间接研究非晶合金结构信息和塑性变形机理关系的媒介，即锯齿流变。

第 2 章 非晶合金锯齿流变

2.1 引 言

锯齿现象出现在我们生活的方方面面，如中国家庭最关心的高考，一名高考生报考大学之前，必然要预估被意愿大学录取的可能性。查阅其近 10 年的录取分数会发现，由于受到每年考题难易程度、报考人数、计划录取人数等的影响，录取线最终呈锯齿状波动。根据录取线走势，考生可以判断并预测当年的录取分数范围区间。再如大脑活动产生的脑电波呈现锯齿状，医学上脑波图检测结果是癫痫病、脑炎、脑瘤等疾病诊断的一项重要依据。此外，实验室中常用到的锯条，锯刃做成锯齿状大大提高了样品切割的效率。因此，透过锯齿表象可以获取大量的信息为我们所用。

许多材料在受到缓慢加载作用力时会迸发出丰富的锯齿流变事件，如纳米晶、高熵合金、镁合金、铝合金、奥氏体不锈钢、粒状材料、多孔材料、铁磁材料、非晶合金等[46–54]。锯齿流变可以是应力-应变/时间曲线上的骤然的应力降事件或应变突进事件[55,56]，可以是载荷-位移/时间曲线上的载荷跌落事件或位移突进事件[57]，也可以是通过声发射手段检测到的能量峰事件[58]。这些事件表明材料内局部发生了突然的滑移，该滑移速度较快，超过了外加载速度。

传统的金属或晶体合金在适当的温度、应变速率及预变形条件下，一旦屈服，拉伸应力-应变曲线表现为以缓慢的应力上升与骤然的应力跌落二者反复交替出现为特征的锯齿流变现象。1909 年，Le Chatelier 注意到低碳钢在高温拉伸屈服后呈现锯齿状的不均匀形变特点[59]。随后，Portevin 和 Le Chatelier 在硬铝室温拉伸变形中也观察到了相似的现象[51]。自此，出现在晶体材料中的锯齿流变被称作 Portevin-Le Chatelier（PLC）效应[58–61]。研究发现，PLC 效应的起源是位错间歇性地运动。一些位错在滑移的过程中由于受到其他位错、或固溶原子、或变形孪晶的拖拽，会出现暂时性的运动停滞，当外力加载致使钉扎位错局域处应力增大到足以挣脱阻碍，位错突然滑移[62,63]。

锯齿流变出现在非晶合金的压缩塑性变形过程中。与传统的晶体材料相比，非晶合金不具备晶体材料那样的位错，其塑性变形主要依赖于介微观变形载体即剪切带来实现。剪切带过程，包括形核、扩展、被捕等，反复发生，使得非晶合金塑性变形中呈现出丰富的锯齿流变事件[11,55]，如图 2-1 所示。非晶合金中的锯齿事件大小不一，没有一个特定的尺度，因而具有无标度性[25]。锯齿事件出现的时间及锯齿事件之间的时空关联性复杂[64–66]，这类似剪切带过程的随机性和剪切带纵横交错的形貌特点[25]。锯齿事件特征参数的研究揭

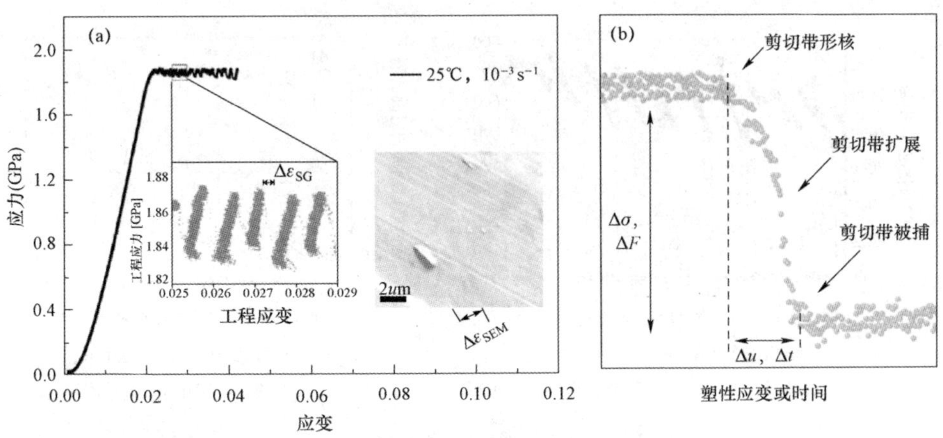

图 2-1　（a）非晶合金室温压缩应力-应变曲线，（b）锯齿应力降或载荷降代表剪切带过程[11]

示剪切带信息，可作为搭建非晶合金宏观塑性和剪切过程之间关系的桥梁，有助于非晶合金的塑性变形机理的深入理解。与非晶合金的塑性变形能力一样，锯齿事件的特征参数的时空演变规律同样受到非晶成分、加载应变速率、试样几何尺寸以及试验机刚度等的影响[67]。

2.2 锯齿流变的特征参数

非晶合金中单个锯齿时间由缓慢的应力上升和骤然的应力两部分组成，如图 2-2 所示。

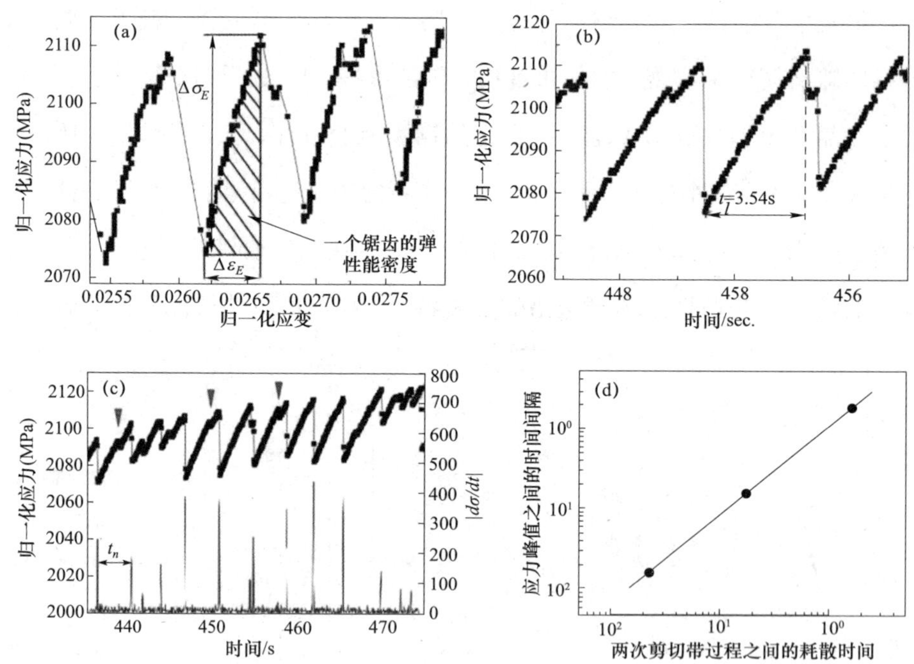

图 2-2　（a）弹性能密度示意图[19]，（b）应力上升耗散时间示意图[19]，（c）时间间隔示意图[19]，（d）时间间隔与两次剪切带过程之间的耗散时间的散点图[22]

锯齿流变事件的应力上升部分代表弹性再加载，此过程中外加作用力做功，能量被储存，国内以中科院物理研究所和上海大学的 Wang 等人为代表的课题组提出了锯齿流变的特征参数弹性能密度［如图 2-2（a）中阴影区面积］和应力上升时间［如图 2-2（b）中的耗散时间 t_l］[19]。锯齿流变事件的应力跌落过程代表剪切带过程，应力上升过程中储存的能量通过剪切带过程被耗散，国外以美国斯坦福大学的 Wright 等人为代表的课题组研究了锯齿流变的特征参数包括应力降幅值或载荷降幅值，载荷降耗散时间或载荷降时间，位移突进［分别示意如图 2-2（b）中的 $\Delta\sigma$ 或 ΔF 、Δt 和 Δu］[48]。三者均反映剪切带的滑移能力，应力降幅值或载荷降幅值越大，载荷降耗散时间越短，以及位移突进越大，说明剪切带滑移步长越大，剪切带扩展速率快，剪切带过程不稳定性越大[48]。此外，在单一主剪切带主导非晶合金的塑性变形的假设条件下，国外以美国田纳西大学的 Song 等人为代表的课题组采用锯齿流变的特征参数位移突进速率（即单位时间的位移突进 $\Delta u / \Delta t$ ）作为剪切带扩展速率[68,69]。

非晶合金中锯齿流变事件之间存在关联性。国内以中科院物理研究所和上海大学的 Wang 等人为代表的课题组将相邻两锯齿事件的峰值应力之间的耗散时间定义为锯齿流变特征参数时间间隔[19]，如图 2-3（c）中的耗散时间 t_n 。国外以美国田纳西大学的 Jiang 等人为代表的课题组经过研究发现，时间间隔与相邻发生的剪切带过程的间隔时间成正比，均随应变速率的增加而减小[22]，如图 2-4（d）所示，因此锯齿流变特征参数时间间隔可以反映两次剪切带过程之间的时间关联性。

2.3 锯齿流变研究中的数学方法

非晶合金中锯齿流变事件的大小和事件出现的时间非线性演变，锯齿流变特征参数受到非晶合金成分、加载应变速率、测试温度、试样几何尺寸及试验机刚度等的影响，因此数学方法的运用对于非晶合金的塑性流变动力学研究具有重要意义。

2.3.1 统计学方法

简单的统计学方法被用来研究非晶合金的锯齿流变特征参数。2006 年，美国田纳西大学的 Jiang 等人对 $Zr_{52.5}Cu_{17.9}Ni_{14.6}Al_{10}Ti_5$（简称 Vit105）非晶合金锯齿流变的特征参数包括应力降幅值和时间间隔随加载时间的变化进行了简单的统计学分析，研究了平均应力降幅值和平均时间间隔随加载应变速率（$2.34 \times 10^{-3}\ s^{-1}$、$2.55 \times 10^{-2}\ s^{-1}$ 和 $1.87 \times 10^{-1}\ s^{-1}$）和测试温度（194.5 K 和 298 K）的变化，并发现任一测试温度下，平均应力降幅值和平均时间间隔均随应变速率的增加而减小；任一加载应变速率下，平均应力降幅值和平均时间间隔均随测试温度的升高而增加[70]。2009 年，中山大学的 Chen 和美国田纳西大学的 Song 为代表的课题组研究了不同非晶合金系（$Mg_{58}Cu_{31}Y_6Nd_5$、$Pd_{40}Ni_{40}P_{20}$ 和 $Zr_{64.13}Cu_{15.75}Ni_{10.12}Al_{10}$ 非晶合金）的锯齿流变特征参数包括位移突进和位移突进速率，简单的统计学分析结果指明对任一非晶合金而言，随着加载的进行或随着应变的增加，位移突进和位移突进速率增大[68,71]。由此，Song 等人经过计算得出，剪切层的粘度随着加载的进行逐渐减小，这暗示剪切带过程不稳定性逐渐增大[68]。由此可见，简单的锯齿流变特征参数的统计学研究有助于剪切带过程信息的探索。

统计学分析方法包括概率密度函数（或频率分布直方图）和补偿累积分布函数在非晶合金锯齿流变动力学的研究中被广泛使用。2010 年，中国科学院的 Sun 等人统计了八种韧脆性不同的非晶合金体系的锯齿流变特征参数应力降幅值的频率分布直方图，并发现以 $Zr_{52.5}Ti_5Cu_{17.9}Ni_{14.6}Al_{10}$（Vit105）

为代表的脆性非晶合金的应力降幅值的频率分布直方图呈现峰值分布特点，如图 2-3（a）所示，以 $Cu_{47.5}Zr_{47.5}Al_5$ 为代表的韧性非晶合金的应力降幅值的频率分布直方图呈现单调递减的规律，符合单一的幂律分布规律，如图 2-3（b）所示[25]。2011 年，郑州大学的 Ren 等人研究了不同加载应变速率的锯齿流变特征参数弹性能密度的频率分布直方图，研究结果指明随着应变速率从 $2.5\times10^{-5}\ s^{-1}$ 增加到 $2.5\times10^{-2}\ s^{-1}$，弹性能密度的频率分布直方图从峰值分布转变为单一的幂律分布规律[20]。

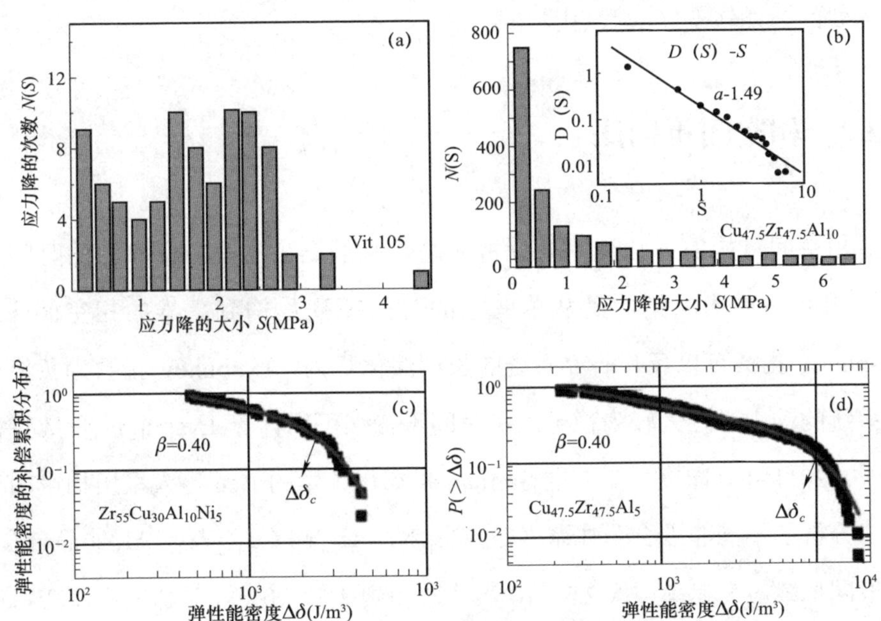

图 2-3　（a）脆性 $Zr_{52.5}Ti_5Cu_{17.9}Ni_{14.6}Al_{10}$（Vit105）非晶合金中锯齿流变特征参数应力降幅值的频率分布直方图[25]，（b）韧性 $Cu_{47.5}Zr_{47.5}Al_5$ 非晶合金中锯齿流变特征参数应力降幅值的频率分布直方图[25]，（c）脆性 $Zr_{55}Cu_{30}Al_{10}Ni_5$ 非晶合金中锯齿流变特征参数弹性能密度的补偿累积分布函数[19]，（d）韧性 $Cu_{47.5}Zr_{47.5}Al_5$ 非晶合金中锯齿流变特征参数弹性能密度的补偿累积分布函数[19]

若锯齿流变的事件数目较少，补偿累积分布函数比概率密度函数能更好地反映特征参数的统计特征。2009 年，中科院物理研究所的 Wang 等人将补偿累积分布函数运用到韧脆性不同的非晶合金的锯齿流变特征参数弹性能密度的分析中，研究发现对任一非晶合金而言，如图 2-3（c）和 2-3（d）所示，弹性能密度的补偿累积分布函数服从幂律耦合指数衰减的形式，即小锯齿事件服从幂律分布，较大锯齿事件服从指数衰减形式，幂律分布截止点也就是指数衰减规律开始点对应的弹性能密度被称为临界弹性能密度 $\Delta\delta_c$；脆性的 $Zr_{55}Cu_{30}Al_{10}Ni_5$ 非晶合金拥有较小的临界弹性能密度值（$\Delta\delta_c$=2 950 J/m^3），韧性的 $Cu_{47.5}Zr_{47.5}Al_5$ 非晶合金拥有大的临界弹性能密度值（$\Delta\delta_c$=12 635 J/m^3）；临界弹性能密度被用来估算一条成熟剪切带的形成所需要的剪切转变区的数目[19]。

2.3.2 相空间重构法

相空间重构的方法被用来分析非晶合晶的锯齿流变特征参数的时间序列。相空间重构法指的是从单变量的时间序列重构到高维的相空间[2]。Lyapunov 指数可以反映研究系统的长期演化行为，Lyapunov 指数为负值表明系统的动力学行为较为稳定，相空间重构法可以计算 Lyapunov 指数特征量[72]。2011 年，印度理学院的 Sarmah 和郑州大学的 Ren 等人采用相空间重构法分析了不同非晶合金体系（$Zr_{65}Cu_{15}Ni_{10}Al_{10}$ 和 $Cu_{47.5}Zr_{47.5}Al_5$ 非晶合金）和不同加载应变速率（从 2.5×10^{-5} s^{-1} 增加到 2.5×10^{-2} s^{-1}）的锯齿流变特征参数应力降幅值和弹性能密度的时间序列，计算结果指出在脆性的 $Zr_{65}Cu_{15}Ni_{10}Al_{10}$ 非晶合金中或较低的应变速率 2.5×10^{-5} s^{-1} 下，最大 Lyapunov 指数为正，暗示非晶合金的锯齿流变动力学行为不稳定；而在韧性的 $Cu_{47.5}Zr_{47.5}Al_5$ 非晶合金中或高应变速率 2.5×10^{-2} s^{-1} 下，最大 Lyapunov 指数变为负值，说明锯齿流变的动力学行为稳定，这与对应条件下的非晶试样展现出的较大的压缩塑性应变的事实相符[20,73]。

2.3.3　分形维数法

分形是局部和整体有某种方式相似的图形，分形有单一分形和多重分形，单一分形表示整个分形结构的各部分是均匀的，多重分形则可以刻画局域的不均匀性[72,74]。分形维数是描述分形结构复杂性的特征量[72]。2015 年，郑州大学的 ren 等人研究了非晶合金锯齿流变的应力速率信号的分形维数 D，他们发现分形维数 D 随测试温度的升高（从 133 K 升高到 305 K）而减小（从 1.72 减小到 1.22），这说明在较低温度 133 K 下，剪切带分叉速率较大，多重剪切带形貌明显，非晶合金的塑性变形能力较强[67]，如图 2-4 所示。

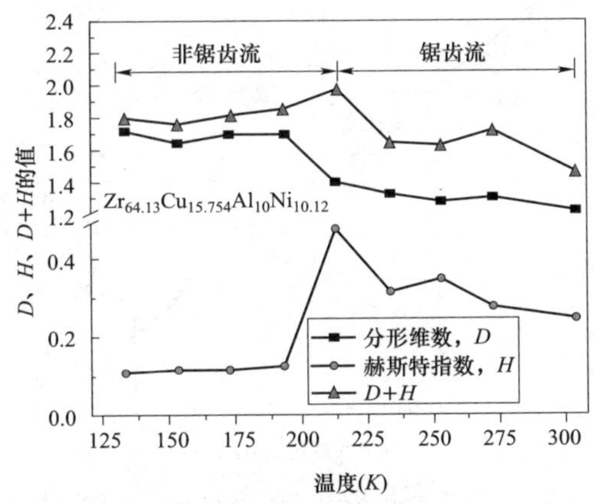

图 2-4　锆基非晶合金在不同温度下的分形维数 D 和赫斯特指数 H[67]

2.3.4　地震学规律

地质学的统计规律被拓展到非晶合金的锯齿流变动力学分析中。锯齿流变事件大小不一，发生时间不可预测，这类似地震的错综复杂性。地震的大小可以通过震级 M 来度量，由地震波释放的能量 E 的多少决定。地震带是地震集中分布的地区，主震爆发前后往往伴随有前震和余震序列的发生，地震四大规律包括 Gutenberg-Richter（GR）定律、产生定律、Båth 定律以及 Omori 定律被提出以描述地震序列的演变动力学[75-77]。2018 年，美国伊利诺伊大学香槟校区的 McFaul 等人将主震、前震和余震的概念借用到非晶合金的锯齿流变中[65]。分析结果指出任一非晶合金锯齿事件都有前震序列和余震序列，并且主震发生前后，前震或余震的形核速率随时间幂律式衰减[65]，如图 2-5 所示，这与地震学中的 Omori 定律的描述一致，这种类比地震学 Omori 定律的统计分析为非晶合金的锯齿流变动力学研究提供了新思路。

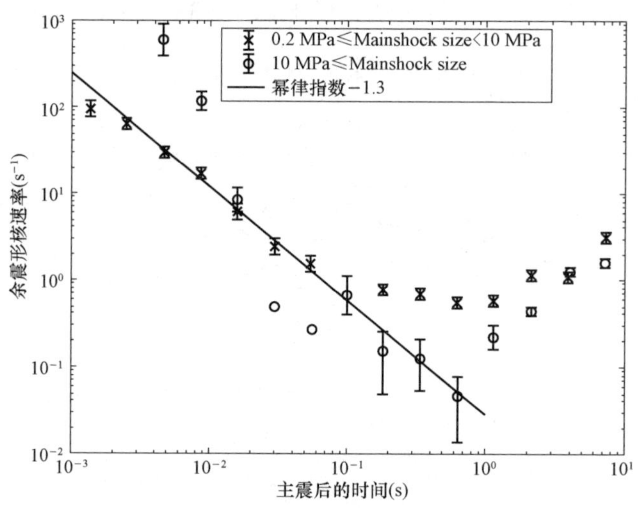

图 2-5　非晶合金锯齿流变的类 Omori 定律分析[65]

2.4　锯齿流变的理论模型研究

非晶合金的锯齿流变事件源于剪切带的间断性运动，其动力学机制阐明需要理论模型的支撑。2009 年，美国约翰霍普金斯大学的 Cheng 等人建立了基于单一主剪切带扩展的粘滑模型[78,79]。2010 年，中科院物理所的 Sun 等人考虑到韧性非晶合金常常展现出多重剪切带的形貌特征，因而建立了基于多重剪切带相互作用的塑性流变模型[25]。2014 年，美国伊利诺伊大学香槟校区 Dahmen 教授课题组将原子级塑性理论如剪切转变区理论和锯齿流变特征参数的统计规律相结合，并给出了平均场理论模型[80]。

2.4.1　单一主剪切带扩展的粘滑模型

非晶合金的灾难性断裂常常由单一主剪切带的快速扩展所致。Cheng 等人[79]观察到锯齿流变事件与单一主剪切带过程一一对应，认为非晶试样和测试机器串联而形成典型的弹性系统，如图 2-6 所示，根据牛顿第二定律和弹性系统的胡克定律即弹性能与弹性形变的二次幂成正比，非晶试样和测试机器串联而成的测试系统满足：

$$[\sigma(x)-\sigma_f(T)]\frac{\pi d^2}{4}=Mx'' \tag{2-1}$$

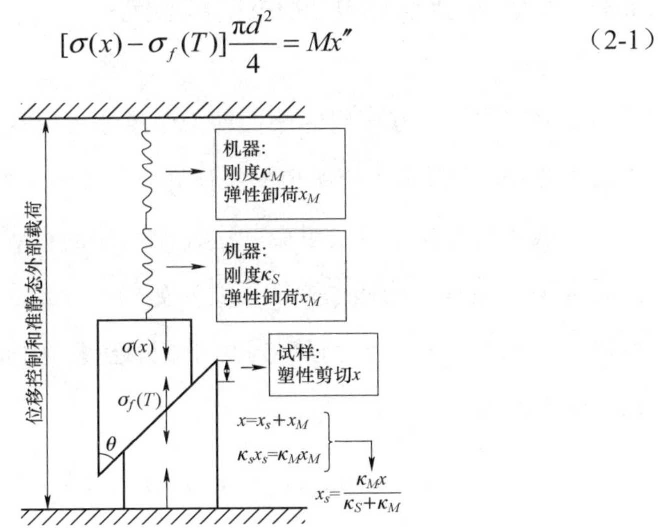

图 2-6　单一主剪切带扩展的粘滑模型的示意图[79]

其中，x 是非晶试样的位移，T 是剪切带的温度，d 是非晶试样的直径，M

是系统的等效质量，x'' 是位移 x 的二阶导数（即为加速度）。$\sigma(x)$ 是测试系统的内应力：

$$\sigma(x)=\sigma_y-\frac{Ex}{L(1+S)} \tag{2-2}$$

其中，σ_y 是屈服应力，E 和 L 分别为试样的杨氏模量和长度，S 是试样的刚度 k_s 与测试机器的刚度 k_M 的比值，即 $S=k_s/k_M$。σ_f 是沿剪切面的剪切抗力，其大小依赖于剪切面温度 T：

$$\sigma_f(T)=\sigma_f-AE\Delta T/T_g \tag{2-3}$$

其中，A 为常数，约等于 0.010 6。ΔT 是剪切面温度与室温的温度差值，T_g 是非晶合金的玻璃转变温度。该模型适用于塑性变形能力较小的非晶合金，可以解释剪切带的温度、试样直径、试样直径和机器刚度等的变化对非晶合金塑性变形的影响[79]。

2.4.2 多重主剪切带扩展的粘滑模型

多重主剪切带相互作用的塑性动力学模型可以有效阐明韧性非晶合金的锯齿流变特征参数应力降幅值的统计规律。如图 2-7 所示，Sun 等人[25]认为整个测试系统由 N 个滑块组成，这 N 个滑块的有效质量等于整个测试系统的质量 M，滑块之间通过弹性强度为 k_c 的弹簧相连而产生相互作用，测试机器与滑块之间通过弹性强度为 k 的弹簧连接，因而滑块 i 的剪切带滑移的动力学方程为：

$$[k(vt-x_i)+k_c(x_{i+1}+x_{i-1})-\sigma_f(\dot{x}_i)]\frac{\pi d^2}{4}=M\ddot{x}_i \tag{2-4}$$

其中，v 为加载应变速率，t 为时间，x_i 为滑块 i 的剪切滑动位移，$\dot{x}_i$ 和分别是 x_i 的一阶和二阶导数。弹性强度 $k=E/L(1+S)$，E 和 L 分别为试样的杨氏模量和长度，S 是试样的刚度 k_s 与测试机器的刚度 k_M 的比值，即

$S = k_s / k_M$。σ_f 为沿剪切面的剪切抗力，是 $\dot{x}_i$ 的函数：

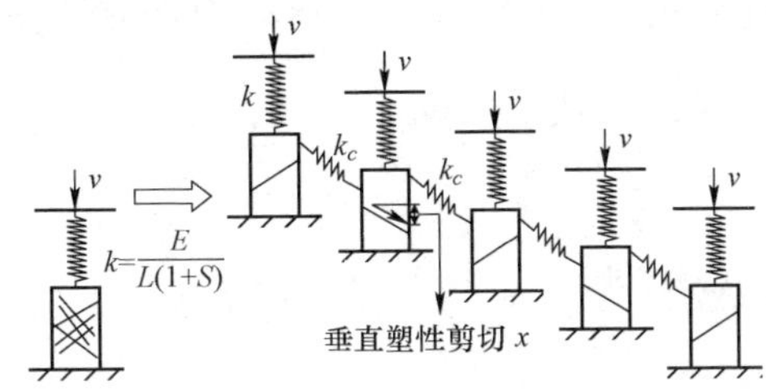

图 2-7　多重剪切带相互作用的粘滑模型的示意图[25]

$$\sigma_f(\dot{x}_i) = \sigma_{f0} / (1 + A\dot{x}_i) \tag{2-5}$$

其中，σ_{f0} 是非晶试样的屈服应力。A 为常数，约等于 5。最终，方程（1-4）的解为：

$$x_i = vt - \frac{1}{k}\sigma_f(v) \tag{2-6}$$

空间上的任何扰动会造成该解的不稳定，不稳定条件为：

$$\left.\frac{\mathrm{d}\sigma_f}{\mathrm{d}\dot{x}}\right|_{\dot{x}=v} < 0 \tag{2-7}$$

最终，数值模拟分析可得到滑块 i 的运动速率 $\dot{x}_i$ 与时间 t 的关系，进而预测韧性非晶合金的锯齿流变特征为一个大锯齿发生后紧随许多小锯齿事件，这种特点常常会引起锯齿流变特征参数应力降幅值的概率分布函数服从幂律规律[25]。

非晶合金中锯齿流变特征参数的幂律分布规律的出现引发了自组织临界性和可调临界性的争议。Sun 等人借助多重剪切带相互作用的粘滑模型预测了应力降幅值的幂律分布概率，并认为此状态下的非晶合金锯齿流变处于自组织临界状态，具有自组织临界性[25]。然而，自组织临界性要求锯齿流变特征参数的概率密度函数遵循单一的幂律分布规律，而且这种单一幂律分布规律的出现不受外界条件的调控。大量的研究证实非晶合金的锯齿流变特征参数弹性能密度或应力降幅值的概率密度分布函数仅在特定的加载应变速率或测试温度下呈现单一幂律分布的形式[19,25]，这说明非晶合金锯齿流变的幂律分布的出现受外界条件的调控，于是自组织临界性在非晶合金锯齿流变动力学的解释的普适性上遭到了质疑。

2.4.3 平均场理论模型

非晶合金锯齿流变特征参数应力降幅值的统计规律说明具有非晶合金锯齿流变具备可调临界性。幂律分布暗示非晶合金锯齿流变处于临界状态，研究发现任一测试条件下的非晶合金的锯齿流变特征参数应力降幅值的补偿累积分布函数遵循幂律耦合指数衰减的普适形式，幂律截止点或指数衰减规律开启点对应的应力降幅值被称为临界应力降幅值，这种普适的规律暗示非晶合金是可以达到以幂律分布为特征的临界状态的[80]。此外，研究指出不同测试条件下的临界应力降幅值不同，说明非晶合金锯齿流变的以幂律分布为特征的临界状态是可以通过测试条件调控的，即具备临界可调性[55,80]。

平均场理论是一类将环境对物体的作用平均化，以平均作用效果替代单个作用效果的加和，从而预测物体对环境响应信息的物理模型。如图 2-8 所示，平均场理论模型假设任一固体材料由软点和硬点组成，这些点无序地落在 N 个单元方格内。无外加作用力时，软点和硬点都被钉扎而保持不动[55,80]。外加作用力驱动下，材料内各局域处的应力不断增加，当 l 位置处的软点的局域应力 τ_l 增大到该处的断裂应力 $\tau_{s,l}$ 时，软点 l 失稳滑移直至该局域处的应力降低到被捕应力 $\tau_{a,l}$，于是软点 l 再度被钉扎；软点 l 滑移过程中会释放一部分应力，进而触发临近位置处的其他软点的应力增加，达到失效应力后发生滑移；这种链式滑移不断进行，直至材料内部所有软点均被再度钉扎，此过程产生了一个雪崩事件或一个锯齿事件。所有软点被钉扎后保持不动，外加作用力驱使材料内局域应力再度增加，直至某软点处的应力超过其断裂应力而滑移[55]。就非晶合金而言，软点可以是剪切转变区（STZs）[55,80]。平均场理论预测锯齿流变特征参数应力降幅值的补偿累计分布函数遵循幂律耦合指数衰减的形式，且幂律截止点对应的应力降幅值即临界应力降幅值受外加条件调控，因而非晶合金锯齿流变具有可调临界性[55,80]。

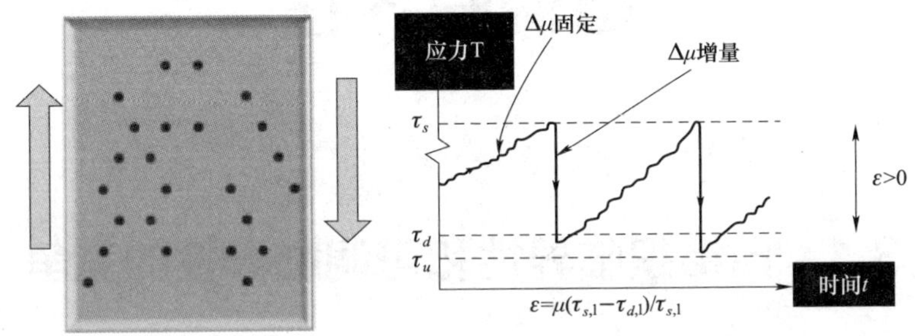

图 2-8 平均场理论模型示意图

2.5 本章小结

目前国内外学者围绕锯齿流变事件特征参数开展了大量的研究，并借助锯齿流变事件相关参数搭建了一些理论模型以阐明剪切带过程，在非晶合金塑性变形机理的理解方面取得了丰硕的成果。但是，非晶合金的锯齿流变动力学规律仍处于探索阶段，非晶合金的结构信息以及整个剪切流变过程仍不清晰。总结而言，非晶合金锯齿流变的研究痛点之一在于：缺乏非晶合金锯齿流变性质规律的统一认识。非晶合金锯齿流变特征参数的大小不一，其概率分布函数呈现出或是单一幂律分布特征，或是高斯分布特征，或是多峰值分布特征，没有一个大统一的规律，致使锯齿流变事件特征规律的预测控制困难。本书第 3 章综述了非晶合金室温锯齿流变的性质规律，并结合实验数据给出了锯齿流变事件统计分析下的统一规律，该规律可由平均场理论得以解释。

第3章　非晶合金锯齿流变的可调临界性

3.1　自组织临界性和可调临界性的竞争

“开裂噪声”是指系统受到缓慢变化的驱动力做出的一系列急促的响应[53,80]。这种现象随处可见，例如，缓慢揉一张纸时，会听到间歇性的刺耳的声音；再如微波炉爆米花，随着微波炉的加热，玉米粒不断爆花迸发出开裂声响。此外，地震的发生是由地壳板块彼此挤压碰撞，导致板块的边沿及内部出现错动以及破裂，过程中伴随有断续的开裂噪声出现。研究发现，任一系统发出的开裂噪声大小不一，可跨越多个尺度[53,81–83]。大多开裂系统有着一个共同的特点，即开裂噪声事件出现的频率与其大小之间呈现出幂律衰减的统计规律[53,82,84]。但这种无标度幂律特征的发生机制是一个谜团，吸引了众多科学工作者的目光。自20世纪50年代，有许多的物理模型被提出以解释开裂噪声，目前占主流的两大机制为自组织临界性和可调临界性。

自组织临界性理论（Self-Organized Criticality，简称SOC）于1987年由美国布鲁海文实验室的Bak和他的两位博士后Tang和Wiesenfeld提出[85]。1996年，Bak在题为“How Nature Works：The Science of Self-Organized Criticality（大自然如何工作：自组织临界性的科学）”的书中，用著名的“沙堆”模型形象地描述了自组织临界性[86]。将沙子逐粒地落到水平桌面上，最初沙堆是平坦的，随着沙粒的增加，沙堆增高且有了坡度，坡度不断增大，很少有沙粒会沿着沙堆滑动。随后，沙粒的滑动位移越来越大，沙堆坡度的增加变慢。终于，沙堆不再增高而达到一种临界状态，在该状态时，即使多一粒沙子的落下，都可能引起大量沙子的滑落，一些沙子甚至可以从上至下跨越整个沙堆，出现沙崩事件。借助慢速录像机和计算机仿真的计算统计，沙崩规模的大小与其出现的频率呈现幂律衰减规律。

以"沙堆"模型为基础，自组织临界性理论认为，大量相互作用的成分所组成的系统会自然地演化至一种自组织临界状态，当系统达到该状态时不稳定，即使微小的扰动也可能招致系统发生一系列的灾变，这些灾变的规模无特征性的尺度，呈现出灾变大小的幂律分布特征[85]。Bak 指出，自组织临界性理论可以解释诸如地震、交通堵塞、金融市场风险、生物进化和物种灭绝等现象[86]。因此，自组织临界性在很长一段时期内作为唯一的理论以解释系统内部如何复杂性地相互作用，最终通过灾难性的事件而不是一种平和的渐变方式实现系统的改变[87–89]。

近些年，有些科研人员认为实际的沙堆并没有开裂，因而怀疑自组织临界性在开裂噪声系统中的有效性，并主张以幂律分布为特征的临界性是可调的即具备可调临界性[53,82,84]。可调临界性的兴起以一种简单的平均场理论拓展到开裂系统失稳研究为标志[54,87,88]。实际上，还有许多开裂系统，其开裂噪声事件的尺寸分布，并非能够严格地服从一种单一的幂律规律，而往往呈现出小事件的幂律分布耦合大事件的指数衰减式特征，幂律截止点出现时所对应的噪声事件的大小受到外加载条件的调控，意味着临界性是可调的[53]。

自 1998 年以来，美国伊利诺伊大学香槟校区的 Dahmen 教授等人将平均场理论拓展到受外场驱动的各开裂噪声系统的研究中，并指出通过调控何种加载条件实现临界性的调控[53,54,87]。原则上，就缓慢剪切的材料而言，平均场理论允许我们，无需等到材料系统最终断裂，仅通过前期的开裂噪声分析，就可以预测材料的断裂应力[88]；无需进行大量的材料测试，仅通过某一加载条件的改变下的开裂噪声的研究，就可以预测在该加载条件变化的范围内材料的开裂噪声的分布情况。

非晶合金在缓慢压缩塑性变形过程中剪切带过程产生了丰富的锯齿事件，属于开裂噪声系统。自组织临界性和可调临界性理论在解释复杂系统灾变方面有着显著的优势。本章重点介绍 Zr 基非晶合金在变化的应变速率下的塑性变形特点。首先介绍了锯齿事件的特征参数弹性能密度或应力大小的统计分析结果，以自组织临界性和可调临界性为理论依据，结合统计结果，找到了适合非晶合金室温塑性流变特点的理论模型。

3.2　非晶合金的室温压缩测试

如第 1 章所述，Zr-Cu-Ni-Al 四元合金体系的非晶合金具有较好的压缩塑性变形能力。2007 年，中科院物理研究所的汪卫华院士课题组微调 Zr、Cu、Ni 和 Al 四种元素的原子百分比，开发出了三种具备强压缩塑性变形能力的非晶合金，具体成分为 $Zr_{61.88}Cu_{18}Ni_{10.12}Al_{10}$、$Zr_{64.13}Cu_{15.75}Ni_{10.12}Al_{10}$、$Zr_{62}Cu_{15.5}Ni_{12.5}Al_{10}$（at.%）[23]，三种非晶合金分别被简称为 S1、S2、S3。依据非晶合金本征韧脆性判断的重要参数泊松比，三者之中，S1 和 S2 的泊松比值相等[23,81]。S1 与 S2 相比，S1 的各种物理参数的研究相对成熟，有利于理论计算的可靠性。

本章基于 $Zr_{61.88}Cu_{18}Ni_{10.12}Al_{10}$（S1）的室温准静态压缩测试数据为基础展开阐述。本研究采用真空电弧熔炼的方法制备，具体过程如下：根据材料成分的组成元素及原子百分比，计算出各元素的质量分数，配备出高纯单质金属原材料（纯度均大于 99.99%）。在高纯氩气的保护下，使用真空电弧炉，将配备出的原材料熔炼成合金锭。为充分保证非晶合金样品的成分的均匀性，合金锭需反复熔炼四到五次。最后，通过水冷铜模吸铸法制备出直径为 2 mm 和 3 mm 的棒状 Zr 基非晶合金。

S1 非晶棒材制备好之后，采用低速切割机将制备好的非晶棒材切割成小柱，擦拭后装袋。在砂纸上打磨小柱的两端面到测试所需的样品尺寸，且保证打磨后的样品的两端面相互平行。对样品进行室温准静态单轴压缩测试，选择的力学试验机的型号为 Instron 5969。为保证实验数据的可靠性，任一条件下的压缩测试至少重复两次。

S1 非晶合金在不同应变速率下的锯齿事件特征参数的统计规律，样品的直径、样品的高径比、测试应变速率以及数据采集频率，见表 3.1。

表 3.1　S1 非晶合金在不同应变速率下的压缩测试条件

材料	直径（mm）	高径比	应变速率（s^{-1}）	数据采集频率（Hz）
$Zr_{61.88}Cu_{18}Ni_{10.12}Al_{10}$（S1）	2	2∶1	5×10^{-5}	30
			2×10^{-4}	
			2×10^{-3}	
			2×10^{-2}	

3.3　室温塑性对应变速率的响应

本章选取 $Zr_{61.88}Cu_{18}Ni_{10.12}Al_{10}$（S1）非晶合金作为模型材料。图 3-1 给出了 S1 非晶合金在四种不同应变速率（5×10^{-5} s^{-1}、2×10^{-4} s^{-1}、2×10^{-3} s^{-1} 和 2×10^{-2} s^{-1}）压缩测试后的应力-应变曲线[83]，具体的压缩塑性应变值见表 3.2。测试结果指出随着应变速率的增加，S1 非晶合金的压缩塑性应变先增加后减小，在当应变速率为 2×10^{-3} s^{-1} 时，S1 非晶合金的塑性应变达到

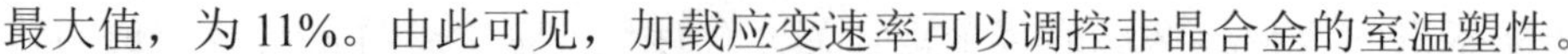

最大值，为 11%。由此可见，加载应变速率可以调控非晶合金的室温塑性。

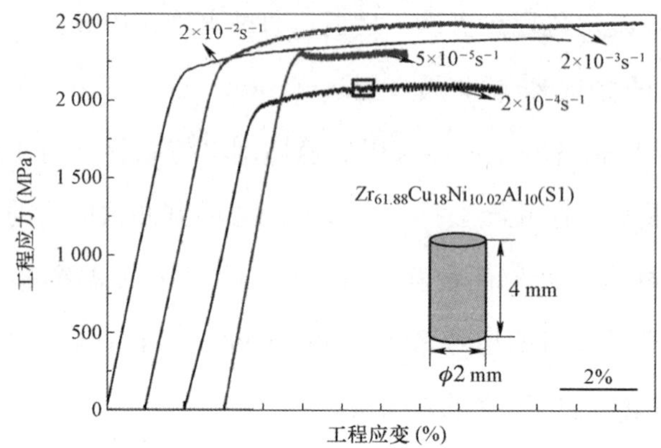

图 3-1　S1 非晶合金在不同应变速率下的室温压缩应力-应变曲线

表 3.2　S1 非晶合金在不同应变速率下的压缩塑性应变值

材料	应变速率（s^{-1}）	塑性应变（%）
$Zr_{61.88}Cu_{18}Ni_{10.12}Al_{10}$（S1）	5×10^{-5}	3
	2×10^{-4}	6
	2×10^{-3}	11
	2×10^{-2}	10

本研究采用扫描电镜（SEM）对各断裂样品进行了表面形貌观察，结果如图 3-2 所示。在四种不同的应变速率下，试样均发生沿主剪切带断裂的特征，剪切角约为 45°。不同的是，在 2×10^{-3} s^{-1} 应变速率下［如图 3-2（c）］，不仅有大量剪切带的产生，而且剪切带之间纵横交错，虽然无法改变样品沿主剪切带失稳扩展的最终状态，但多重剪切带的出现以及剪切带之间强烈的相互作用延缓了主剪切带扩展，因而试样在断裂前展现出最大的塑性应变[25,32]。与 5×10^{-5} s^{-1} 和 2×10^{-4} s^{-1} 两种应变速率下断裂试样表面非常少的且互相平行的主剪切带特征相比［如图 3-2（a）和图 3-2（b）］，在 2×10^{-2} s^{-1} 应变速率下的断裂试样表面有着丰富的微小剪切［如图 3-2（d）］，这些小剪切带的产生在一定程度上耗散了主剪切带扩展时的能量[29]，所以在 2×10^{-2} s^{-1}

应变速率下的样品也有较大的塑性应变。研究得出，S1 非晶合金塑性应变较大时的第一个特征是多重剪切带之间存在强烈的交互作用。

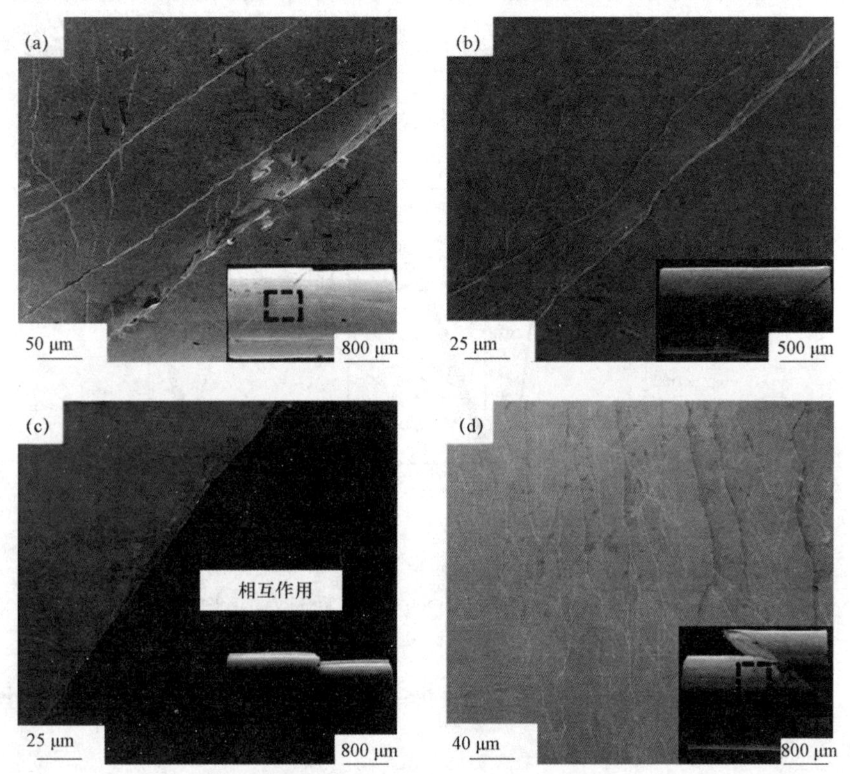

图 3-2 S1 非晶合金在应变速率（a）$5\times10^{-5}\ s^{-1}$，（b）$2\times10^{-4}\ s^{-1}$，（c）$2\times10^{-3}\ s^{-1}$ 和（d）$2\times10^{-2}\ s^{-1}$ 下的样品表面形貌特征

3.4 锯齿流变的统计规律

图 3-3 为图 3-1 中应力-应变曲线上锯齿流变的放大图，任一锯齿事件由两部分组成，即缓慢的应力增加和骤然的应力降，表现出粘-滑行为[90–92]。非晶合金塑性变形过程中，在测试系统的缓慢驱动下，试样受到的应力缓慢增加，伴随储存在试样中的能量不断增加[19]；当应力增加到试样局部材料的

临界应力时，剪切带在该局域处形核、快速扩展，以耗散应力上升过程中积聚的应变能，表现为应力的骤然跌落[18,19,57]。剪切带反复的粘-滑过程产生了大量的锯齿事件。本章重点介绍锯齿事件的尺寸分布特征，尺寸特征参数有应力上升过程中的弹性能密度和应力降[19,25,55,80]。

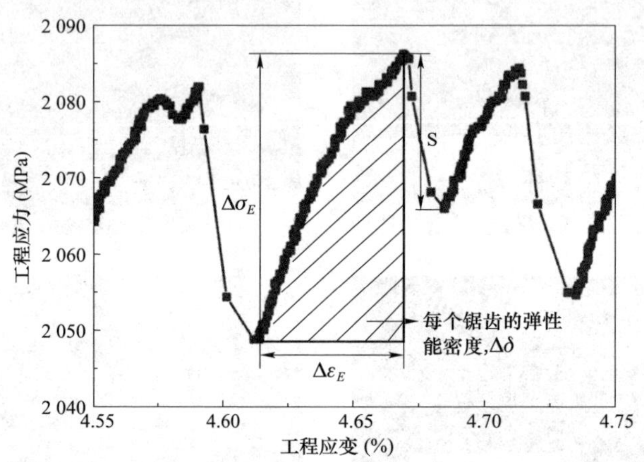

图 3-3　S1 非晶合金在应变速率 2×10^{-4} s^{-1} 压缩后应力-应变曲线的部分放大图

单个锯齿的弹性能密度 $\Delta\delta$ 为如图 3-3 所示的阴影三角区面积，其计算参见公式（3-1）：

$$\Delta\delta=\frac{1}{2}\Delta\sigma_E\Delta\varepsilon_E \tag{3-1}$$

其中，$\Delta\sigma_E$ 和 $\Delta\varepsilon_E$ 分别为单个锯齿应力上升过程中的应力增量和应变增量。

在应变速率 2×10^{-2} s^{-1} 下，S1 非晶合金的塑性段的应力-应变曲线较均匀，无明显的锯齿流变现象，如图 3-1（a）所示。这是因为，在较高应变速率下，剪切带形核后来不及扩展，无法完全地释放储存在试样中的能量或应力[86]。图 3-4 给出了在其他三种应变速率 2×10^{-3} s^{-1}、2×10^{-4} s^{-1} 和 5×10^{-5} s^{-1} 下，锯齿应力上升过程中特征参数的统计图谱。单个锯齿对应的应力增量 $\Delta\sigma_E$ 和应变增量 $\Delta\varepsilon_E$ 随应变 ε 的统计结果如图 3-4（a）、图 3-4（d）和图 3-4（g）所示。根据公式（3-1），得到弹性能密度 $\Delta\delta$ 随应变 ε 变化的散点图，如图 3-4（b）、图 3-4（e）和图 3-4（h）所示。对弹性能密度 $\Delta\delta$ 去参数化处理，从而引入弹性能密度的无量纲参数 ψ：

$$\psi = \Delta\delta / f(\varepsilon) \tag{3-2}$$

其中，$f(\varepsilon)$ 是弹性能密度散点数据的线性拟合。弹性能密度的无量纲参量 ψ 的频率直方图如图 3-4（c）、图 3-4（f）和图 3-4（i）所示。

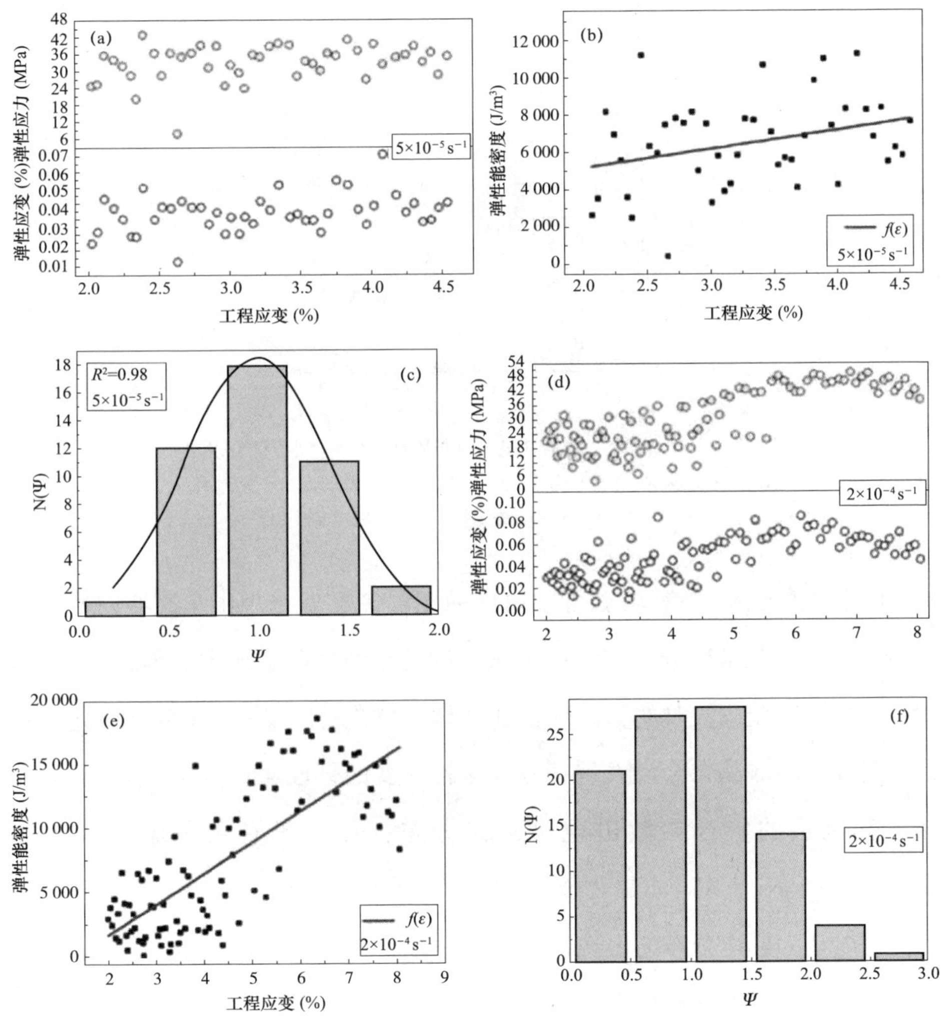

图 3-4　S1 非晶合金应力上升过程中锯齿参数统计结果：
（a）、（b）和（c）应变速率为 $5\times10^{-5}\ s^{-1}$，（d）、（e）和（f）应变速率为 $2\times10^{-4}\ s^{-1}$，
（g）、（h）和（i）应变速率为 $2\times10^{-3}\ s^{-1}$

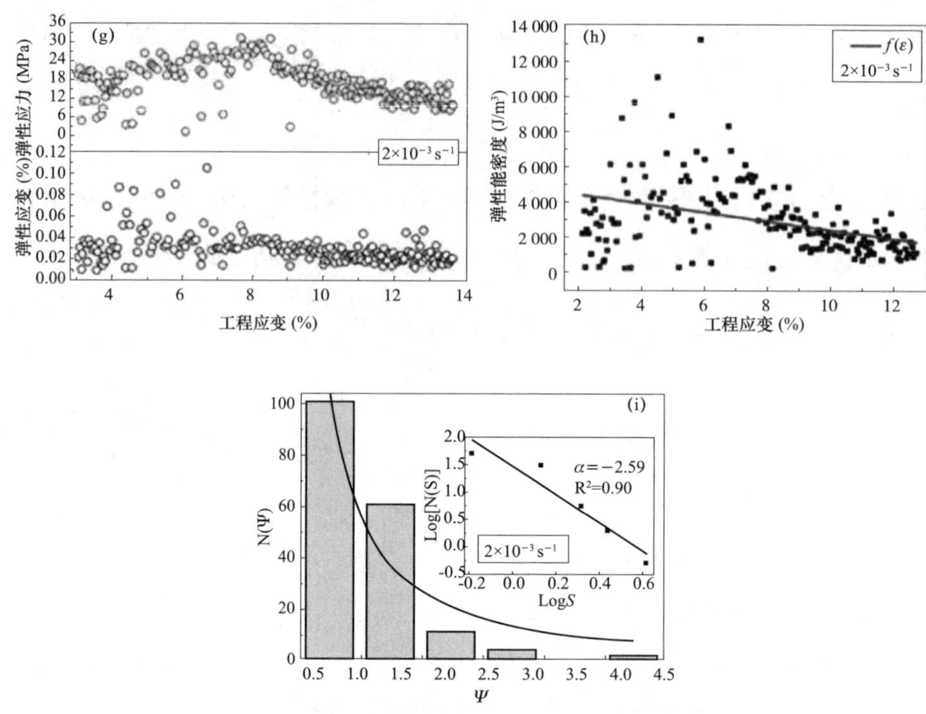

图 3-4　S1 非晶合金应力上升过程中锯齿参数统计结果：
（a）、（b）和（c）应变速率为 $5\times10^{-5}\ s^{-1}$，（d）、（e）和（f）应变速率为 $2\times10^{-4}\ s^{-1}$，
（g）、（h）和（i）应变速率为 $2\times10^{-3}\ s^{-1}$（续）

随着应变速率的增加，弹性能密度的无量参数 ψ 呈现出从高斯向幂律分布的转变，且在幂律分布的情况下试样的压缩塑性应变最大。因此，S1 非晶合金塑性应变最大时的第二个特征是幂律分布的出现。Sun 等人研究了八种不同成分的非晶合金，发现拥有大塑性应变的韧性 $Cu_{47.5}Zr_{47.5}Al_5$ 非晶合金，其锯齿的特征参数出现了幂律分布；而对于有着小塑性应变的 $Zr_{52.5}Ti_5Cu_{17.9}Ni_{14.6}Al_{10}$ 非晶合金，其锯齿的特征参数呈现峰值分布特征[25]。这里可以认为幂律分布的出现，意味着由非晶合金试样和测试机器组成的测试系统处于自组织临界状态，在该状态下，测试系统有抗干扰的能力，因而韧性的非晶合金试样有着较为稳定的塑性变形能力，最终表现出较大的塑性应变[25]。Ren 等人分析了不同测试温度下非晶合金的锯齿特征参数的分布情

况，随着温度从 293 K 降低到 213 K，出现了由杂乱向幂律分布的转变，幂律分布特征说明非晶合金呈现出自组织临界状态[64]。

自组织临界性有四条基本的特征[64,87]：① 系统内部存在大量的相互作用单元；② 外界驱动速度远慢于系统内部的弛豫过程；③ 呈现出略微稳定的状态；④ 单一的幂律分布特征，不受外加条件的调控。基于自组织临界性的特征以及 S1 非晶合金锯齿特征参数的统计规律，本研究验证了自组织临界性理论在非晶合金塑性流变中的有效性并发现，非晶合金中幂律分布的出现说明非晶合金锯齿流变的自组织临界性，这一结论是不全面的。

本章，就 S1 非晶合金而言，首先，非晶合金中的锯齿事件反映剪切带过程，图 3-2（c）中大量的剪切带存在交错作用；其次，本研究中，应变速率范围为 $2\times10^{-3}\ \mathrm{s}^{-1}$ 到 $5\times10^{-5}\ \mathrm{s}^{-1}$，也就是说测试机器的驱动速率范围为 8×10^{-6} m/s 到 2×10^{-7} m/s，目前较被接受的剪切带扩展速率为 10^{-4} m/s[11]，可见测试系统的驱动远慢于剪切带内部原子的弛豫；再次，非晶合金在 $2\times10^{-3}\ \mathrm{s}^{-1}$ 的加载应变速率下呈现出 11%的塑性应变，塑性变形较稳定。可见，上述研究结果满足自组织临界性的前三条特征。

然而需要注意的是，在 S1 非晶合金的锯齿流变研究中，幂律分布的出现需要改变加载应变速率，这表明幂律分布并不是 S1 非晶合金锯齿流变的一种本征规律，需要外界条件的调控。Ren 等人研究了不同测试温度下锯齿特征参数的统计分布情况并发现，加载应变速率为 $2.5\times10^{-4}\ \mathrm{s}^{-1}$ 时，$Zr_{64.13}Cu_{15.75}Ni_{10.12}Al_{10}$（S2）非晶合金仅在温度为 213 K 时呈现出幂律分布特征[64]。此外，如图 3-5 所示，已有研究报道 $Fe_{50}Ni_{30}P_{13}C_7$ 非晶合金锯齿事件的特征参数应力降 S 在 $2\times10^{-4}\ \mathrm{s}^{-1}$ 和 $5\times10^{-5}\ \mathrm{s}^{-1}$ 应变速率下分别呈现出高斯和杂乱分布特征，并没有幂律分布的规律[93]。这些研究结果进一步证明，非晶合金的锯齿流变并不能自发地发展成以完全幂律分布为特征的临界性。总结得出，非晶合金锯齿流变中完全幂律临界状态的出现，不仅需要合适的加载条件，如应变速率、测试温度等，还需要本征韧性的非晶合金体系[25]。

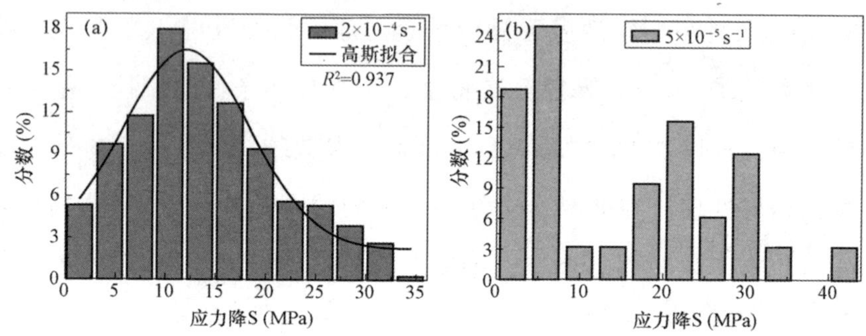

图 3-5　$Fe_{50}Ni_{30}P_{13}C_7$ 非晶合金在两种应变速率下应力降 S 的频率直方图[93]

从结构上讲，非晶合金的塑性变形是由微观剪切塑性流变所引入的剪切带调控的。局域材料体积膨胀引发的微孔洞往往导致非晶合金的脆性断裂。因此，剪切塑性流变还是体积膨胀（或开裂）两种形变机制的一个竞争可以决定非晶合金的本征韧脆性。泊松比 v 已被视为衡量非晶合金本征韧脆性的一个重要参数[4,30]。本征韧性的非晶合金有着较大的泊松比 v，塑性变形以剪切带过程主导；而本征脆性的非晶合金有着较小的泊松比 v，压缩后成为碎渣，开裂倾向大。

3.5　锯齿流变的可调临界性

与自组织临界性理论相反，Dahmen 教授等人将平均场理论拓展到受缓慢增加驱动力的各种材料和地震事件的研究中，认为开裂噪声的临界性是可调的[54,88]。这种简单的平均场理论，在模型搭建时不考虑开裂系统的具体信息或材料的微观结构，成功解释了在长度尺度上横跨十二个量级的各开裂系统［小到纳米晶体（10^{-9} m）大至地震（～10^3 m)］中普遍存在的开裂噪声可调临界性的特征，表明了平均场理论在各开裂系统中的有效性[94–97]。基于此，本章将对比平均场理论模型的预测结果与非晶合金锯齿事件的统计规律。

3.5.1　平均场理论预测的统计规律

平均场理论认为开裂噪声的可调临界性受外加应变速率调控和受外加作用力调控[55,80]。

（1）平均场理论模型预测[80]，受缓慢增加应力驱动的或受低应变速率驱动下的材料进入塑性变形过程中，在应变速率 $\dot{\varepsilon}$ 调控下，锯齿事件特征参数应力降 S 的统计概率密度函数（PDF），服从一个小事件的幂律分布耦合大事件的指数衰减的规律：

$$D(S,\dot{\varepsilon}) \sim S^{-\kappa} D'(S\dot{\varepsilon}^{\lambda}) \tag{3-3}$$

小锯齿事件服从幂律分布说明，在该幂律标度段内的锯齿事件（或这些小锯齿事件）具有无标度特点且属于自相似序列。当塑性变形达到稳定流变阶段时，幂律标度段内的幂指数 κ=1.5。指数衰减函数 $D'(S\dot{\varepsilon}^{\lambda})$ 说明，实验观察到的最大锯齿事件的应力降幅值 S_{max} 是受应变速率调控的，有 $S_{max} \sim \dot{\varepsilon}^{-\lambda}$。当塑性变形处于稳定流变阶段时，普适指数 λ=2。

根据概率密度分布函数公式（3-3），锯齿应力降 S 的补偿累积分布函数（CCDF），$C(S,\dot{\varepsilon})$ 为[80]：

$$C(S,\dot{\varepsilon}) = \int_S^{\infty} D(S',\dot{\varepsilon})\,\mathrm{d}S' \sim \dot{\varepsilon}^{\lambda(\kappa-1)} \int u^{-\tau} D'(u) = \dot{\varepsilon}^{\lambda(\kappa-1)} C'(S\dot{\varepsilon}^{\lambda}) \tag{3-4}$$

其中，$C'(S\dot{\varepsilon}^{\lambda})$ 是另外一个普适的标度函数。公式（3-4）中，有自变量 $u = S\dot{\varepsilon}^{\lambda}$。补偿累计分布函数（CCDF）给出的是观察到某一锯齿事件大于或等于 S 的概率。

（2）同样地，对于在缓慢应变速率驱动下的材料，受加载应力τ调控，锯齿应力降S的统计概率密度函数（PDF），服从一个小锯齿事件的幂律分布耦合大锯齿事件的指数衰减的规律[98–101]：

$$D(S,\tau) \sim S^{-\kappa} f\,[S(1-\tau/\tau_c)^{1/\sigma}] \quad (3\text{-}5)$$

其中，τ_c是断裂应力。$f(S(1-\tau/\tau_c)^{1/\sigma})$是一个普适的标度函数。在加载应力$\tau$的调控下，平均场预测最大应力降幅值$S_{\max}$，存在关系式：$S_{\max} \sim (1-\tau/\tau_{max})^{-1/\sigma}$，幂律标度段内的幂指数$1/\sigma$=2，$\kappa$=1.5。因此，在加载应力$\tau$的调控下，锯齿应力降$S$的补偿累积分布函数（CCDF）为[99–101]：

$$C(S,\tau) = \int_S^{\infty} D(S',\tau)\,\mathrm{d}S' \sim S^{(\kappa-1)/\sigma} C''[S(1-\tau/\tau_c)^{1/\sigma}] \quad (3\text{-}6)$$

这里，$C''[S(1-\tau/\tau_c)^{1/\sigma}]$也是一个普适的标度函数。

对于开裂噪声数目较少的系统而言，若采用统计分析手段进行研究，补偿累积分布函数（CCDF）比概率密度函数（PDF）更有优势[80]。通过非晶合金锯齿事件特征参数应力降S的统计分析，在平均场理论的指导下，再借助归一化处理，可获得非晶合金应力降S的大统一标度函数$C'(S\dot{\varepsilon}^{\lambda})$和$C''[S(1-\tau/\tau_c)^{1/\sigma}]$，以及幂律指数$\kappa$、$\lambda$和$\sigma$的数值。

3.5.2 应力降幅值对应变速率的响应

总体而言，在准静态压缩测试下，非晶合金的塑性应变较大时，往往伴随有较多且较小的锯齿事件的产生。因此，从锯齿事件的大小上讲，衡量非晶合金塑性变形能力的两个简单指标有：锯齿应力降的幅值和锯齿的数目[93]。应力降的幅值可以反映剪切带的滑移能力[99]，剪切带滑移步长小，对应有较小幅值的应力降产生，剪切过程较稳定。锯齿数目则代表剪切带的数目[50]，当储存在非晶合金中的应变能一定时，剪切带数目越多，则通过每条剪切带的滑移而释放的能量越少，能够较好地发生塑性变形，进而非晶合金产生较大的塑性应变[91]。研究发现，随着应变速率的增大，S1 非晶合金的锯齿应力降 S 的平均幅值逐渐减小，如图 3-6 所示。

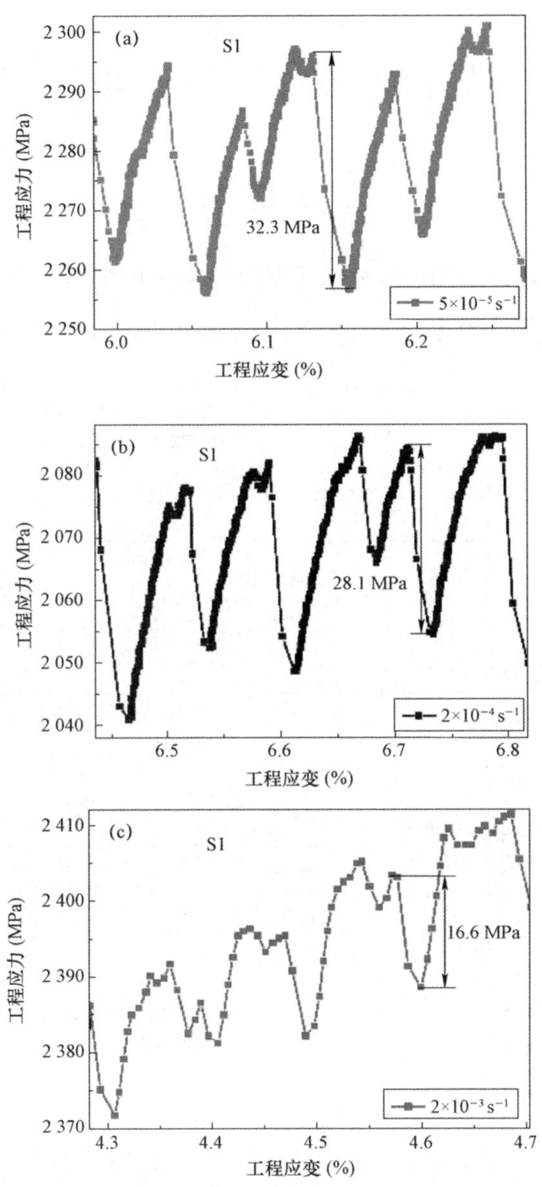

图 3-6　S1 非晶合金在应变速率为（a）$5\times10^{-5}\ s^{-1}$，（b）$2\times10^{-4}\ s^{-1}$，（c）$2\times10^{-3}\ s^{-1}$ 下锯齿应力降 S 的平均幅值

本研究对已报道的几种非晶合金在不同准静态压缩应变速率下的锯齿应力降的幅值进行了计算，并且构建了锯齿事件的平均应力降幅值 $\overline{S}$ 与加载应变速率 $\dot{\varepsilon}$ 之间的函数关系，如图 3-7 和公式（3-7）所示：

$$\overline{S} = \alpha - \beta \log \dot{\varepsilon} \tag{3-7}$$

其中，α 为无量纲常数。应力降的平均幅值 $\overline{S}$ 的变化对应变速率的敏感性可以用常数 β 来衡量：

$$\beta = \frac{\overline{S}_{\max} - \overline{S}_{\min}}{n-1} \tag{3-8}$$

其中，$\overline{S}_{\max}$ 和 $\overline{S}_{\min}$ 分别为所研究的压缩应变速率下应力降平均幅值的最大值和最小值，n 是平均应力降的个数。β 值越大，说明锯齿应力降对应变速率越敏感。

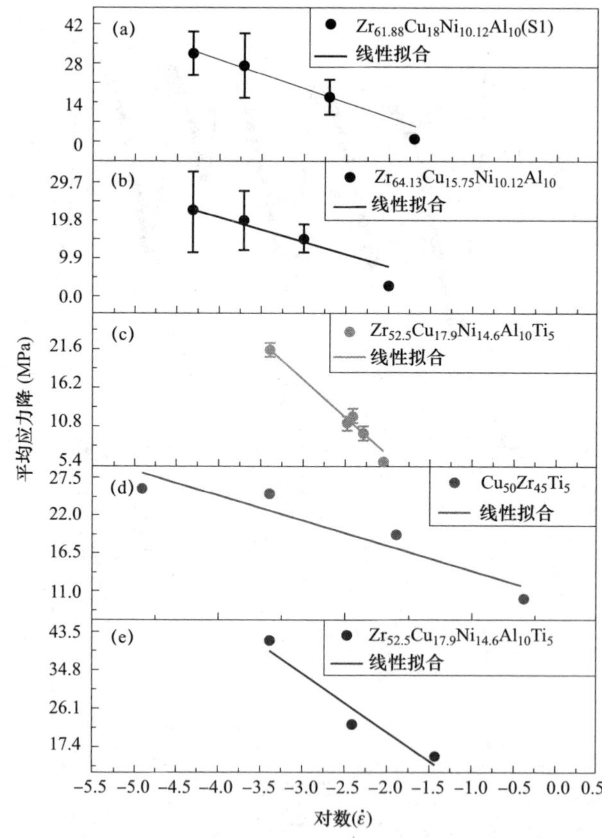

图 3-7　各种非晶合金应力降的平均幅值与加载应变速率的关系图

公式（3-7）有助于判断非晶合金实现较大塑性变形时压缩应变速率的一个大致范围。S1 非晶合金在 $2\times10^{-3}\ s^{-1}$ 较高应变速率下，锯齿应力降的平均幅值最小，剪切带的滑移步长小；据三种应变速率下的锯齿弹性能密度散点［图 3-4（b）、图 3-4（e）和图 3-4（i）］，在 $2\times10^{-3}\ s^{-1}$ 应变速率下，弹性能密度值较小，说明此时非晶试样内部一旦储存一些能量，就能通过剪切带得以耗散，出现剪切带的小步幅滑移。图 3-2（b）所示的多重剪切带及剪切带的相互作用佐证主剪切带的快速扩展受到了抑制，使得非晶合金在 $2\times10^{-3}\ s^{-1}$ 较高的应变速率下的塑性应变最大。因此，S1 非晶合金的塑性应变较大时的第三个特征是锯齿的应力降幅值小。

随着应变速率的增大，锯齿的应力降幅值减小，这与非晶合金原子的弛豫行为直接相关：一方面，如图 3-4 所示，S1 非晶合金在各应变速率（$5\times10^{-5}\ s^{-1}$、$2\times10^{-4}\ s^{-1}$ 和 $2\times10^{-3}\ s^{-1}$）下的应变能密度的对比说明，当应变速率为 $2\times10^{-3}\ s^{-1}$ 时，应变能值较小，非晶合金内剪切失效的局域原子数目少，也就是说原子一旦达到其失效应力便会发生滑移以消耗局域应变能；另一方面，外加应变速率较高时，原子来不及完全弛豫，于是滑移能力减弱，产生的应力降幅值随之减小，如图 3-6 所示。

原子的弛豫行为最终影响材料内自由体积的含量，Yang 等人[102]考虑了加载应变速率的影响，将经典的自由体积模型进行了拓展，推导出自由体积的净增长速率：

$$\dot{V}_f = \dot{V}_f^+ - \dot{V}_f^- = \alpha_1 \frac{\dot{\varepsilon}}{V_f} - \alpha_2 \exp\left(-\frac{\epsilon V^*}{V_f}\right) \tag{3-9}$$

其中，$\dot{V}_f^+$ 和 $\dot{V}_f^-$ 分别为自由体积的产生速率和湮灭速率，$\dot{\varepsilon}$ 是单轴加载应变速率，V_f 为单个原子的平均自由体积，V^* 是原子的有效硬球尺寸，α_1、α_2 和 ϵ 分别为与材料相关的状态参数。基于公式(3-10)，与 $5\times10^{-5}\ s^{-1}$ 和 $2\times10^{-4}\ s^{-1}$ 应变速率相比，S1 非晶合金在较高应变速率 $2\times10^{-3}\ s^{-1}$ 下，自由体积的产生

速率 $\dot{V}_f^+$ 较大，导致自由体积的净增长速率 $\dot{V}_f$ 较大，较大的 $\dot{V}_f$ 可以为剪切带形核提供更多的位置，进而有助于多重剪切带的形成，剪切带过程稳定，促使非晶合金产生较大的塑性应变。

公式（3-9）中的状态参数 α_2 是与热激活能相关的。随着塑性变形的进行，α_2 的值是变化的，公式（3-10）无法直接阐释稳定塑性流变。由于锯齿流变的出现反映自由体积的增加速率 $\dot{V}_f^+$ 远大于自由体积的湮灭速率 $\dot{V}_f^-$，在短时间间隔 t 内自由体积增量为：

$$V_f - V_0 = \frac{\alpha_1 \dot{\varepsilon}}{V_0} t \tag{3-10}$$

其中，V_0 是无加载条件下的平均自由体积。基于公式（3-10），与 $5\times10^{-5}\ \mathrm{s}^{-1}$ 和 $2\times10^{-4}\ \mathrm{s}^{-1}$ 相比较，S1 非晶合金在 $2\times10^{-3}\ \mathrm{s}^{-1}$ 较高应变速率下的自由体积净增加量较大。

为了进一步探索非晶合金锯齿流变的动力学，依据平均场理论，本章介绍了 S1 非晶合金应力降 S 在不同应变速率下的补偿累积分布函数（CCDFs），即 $C(S)$，如图 3-8 所示。各应变速率下的 $C(S)$ 有着相似的分布规律，即小锯齿事件的幂律分布耦合大事件的指数衰减分布特点，这说明非晶合金有两种类型的锯齿事件，幂律标度段内的小锯齿属于自相似序列，大锯齿属于开裂序列，符合平均场理论的预测。此外，随着应变速率的降低：① 锯齿事件的最大应力降幅值 $S_{\max}$ 逐渐增大，有 $S_{\max} \sim \dot{\varepsilon}^{-\lambda}$，符合平均场理论的预测[80]；② 幂律段截止时对应的应力降幅值逐渐增大，即临界应力降幅值逐渐增大，这意味着非晶合金中锯齿流变的临界性是可调的[80]。

基于公式（3-4），本章对 S1 非晶合金在各应变速率下的补偿累积分布函数 $C(S)$ 进行了归一化重组，如图 3-8 所示插图，找到了符合 S1 非晶合金锯齿流变的普适函数，$C'(S\dot{\varepsilon}^{\lambda}) = C'(x) = Ax^{-B}\exp(-(x/x_c)^2)$，$A$ 和 B 均为常数，归一化的截止应力降 $x_c = S_c\dot{\varepsilon}^{\lambda}$，其中 S_c 为某一应变速率下锯齿应力降的补偿累积分布函数幂律段截止时对应的临界应力降。该普适函数可以帮助预测，在 2×10^{-3} s^{-1} 到 5×10^{-5} s^{-1} 应变速率范围内，S1 非晶合金在任一应变速率下的锯齿流变应力降 S 的分布情况，包括任一应变速率下应力降的最大幅值 S_{max}，以及幂律临界点对应的应力降幅值，即临界应力降 S_c。在归一化重组过程中，对于 S1 非晶合金，指数 κ=0.95±0.05 和 λ=0.20±0.03，均与平均场理论的预测存在偏差，这是由于实验仪器的数据采集频率较低，无法捕捉到大量的小锯齿事件。

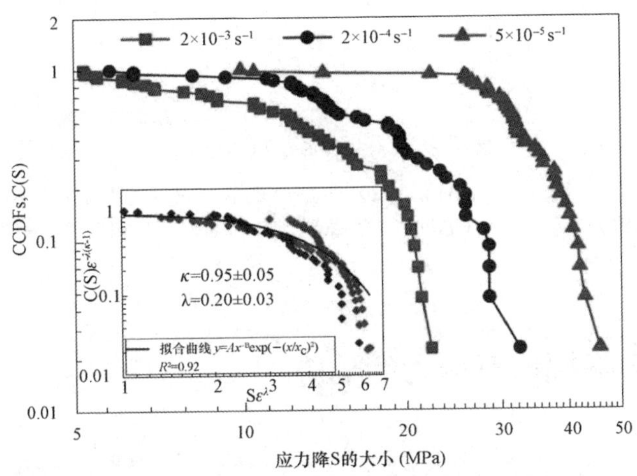

图 3-8　S1 非晶合金在不同应变速率下锯齿应力降 S 的补偿累积分布函数（CCDFs），插图示意归一化重组后得到的普适函数

此外，研究报道 $Zr_{64.13}Cu_{15.75}Ni_{10.12}Al_{10}$（S2）非晶合金锯齿流变应力降 S 的补偿累计分布函数同样服从幂律耦合指数衰减的规律[80]，如图 3-9 所示。依据平均场理论，在归一化重组过程中，S2 非晶合金应力降 S 的补偿累计分布函数的幂律指数为 κ=1.42±0.20，在误差允许的范围内，κ=1.42±0.20 符合平均场理论预测的值 1.5。此外，研究得到指数 λ=0.22±0.02。研究发现，S1 和 S2 非晶合金的泊松比值相等，说明二者的塑性变形能力相当。从锯齿流变的应力降 S 的补偿累计分布函数的特征来说，在各应变速率下（加载应变速率为 10^{-5}～10^{-2} s^{-1} 范围内），S1 和 S2 非晶合金的最大应力降幅值相当，并且 S1 和 S2 非晶合金的临界应力降幅值相当，这与二者的塑性变形能力相当的

趋势是一致的。总结得出，非晶合金塑性流变的临界性受加载应变速率调控。

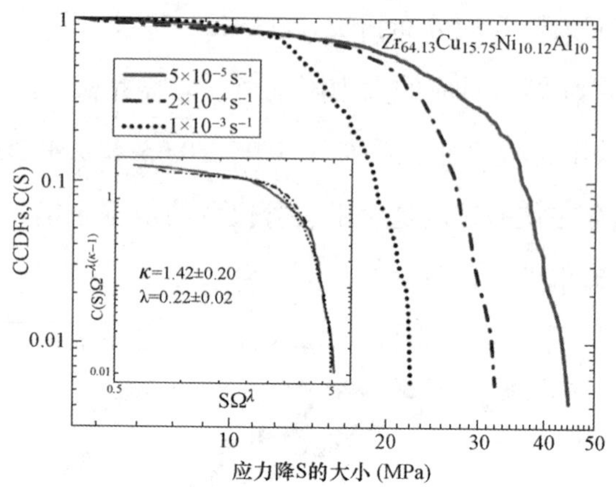

图 3-9　$Zr_{64.13}Cu_{15.75}Ni_{10.12}Al_{10}$（S2）非晶合金不同应变速率下锯齿应力降 S 的补偿累积分布函数（CCDFs），插图示意归一化重组后得到的普适函数[80]

3.5.3　应力降幅值对应力的响应

如第 3.5.2 节所述，非晶合金压缩测试后，若锯齿流变事件小且数目多，往往对应试样的塑性应变较大。一个有趣的假设被提出，若某一非晶合金试样在压缩的过程中，通过示踪锯齿流变的演变特征，进而判断剪切带过程的进况，及早在试样失稳断裂前采取有效的措施延缓剪切带的不稳定扩展，这对于非晶合金的塑性提高是非常重要的。平均场理论模型预测开裂噪声受加载应力影响[97,99]，本章将探索在加载应变速率一定的情况下，非晶合金锯齿流变随加载应力的动力学过程。

锯齿事件特征参数应力降 S 的幅值随应变 ε 的增加而增大，本章以 S1 非晶合金在应变速率为 $2\times10^{-4}\ s^{-1}$ 时的情况为例说明，如图 3-10 所示。此外，从图 3-1（b）的应力-应变曲线得出，加载应力随着应变 ε 也在不断增加。因此，非晶合金锯齿流变受加载应力影响。本研究将采用锯齿事件特征参数

应力降 S 的补偿累积分布函数（CCDFs）将加载应力对锯齿流变的影响标度化。平均场理论预测应力降的最大幅值随加载应力非线性变化，这就要求本研究捕捉到三组以上的数据以获取可靠的标度函数。此外，统计分析要求任一组数据点的数目尽量大。最终，本研究将应力-应变曲线划分为等应变大小的三段，即应变为 $2\% \leqslant \varepsilon < 4\%$，$4\% \leqslant \varepsilon < 6\%$和 $6\% \leqslant \varepsilon \leqslant 8\%$。图 3-11 示意了各应变段内锯齿事件特征参数应力降 S 的补偿累积分布函数（CCDFs），$C(S)$。对应各应变段中的最大应力降幅值 S_{max} 及各应变段的最大加载应力占整个应力-应变曲线中最大应力的比例的具体数值参见表 3.3。

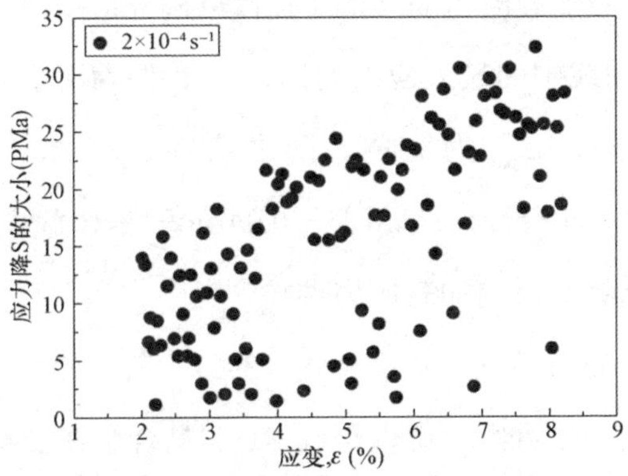

图 3-10　S1 非晶合金在 $2\times10^{-4}\ s^{-1}$ 应变速率下锯齿应力降 S 随应变 ε 的统计散点图

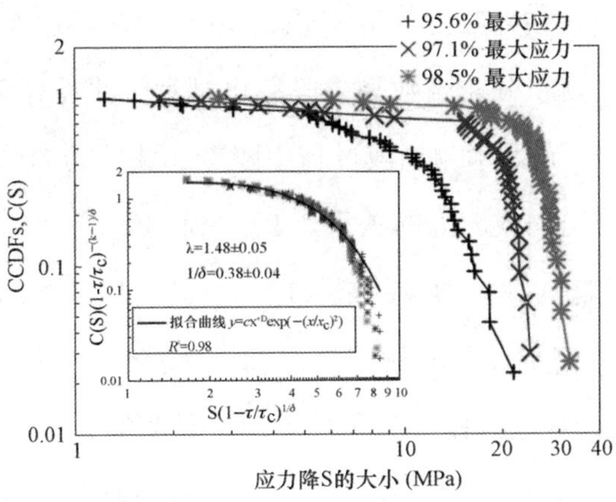

图 3-11　S1 非晶合金在 $2\times10^{-4}\ s^{-1}$ 应变速率下对应不同加载应力的锯齿应力降 S 的补偿累积分布函数（CCDFs）；插图示意归一化重组后得到的普适函数

表 3.3　S1 非晶合金在应变速率 $2\times10^{-4}\ s^{-1}$ 下应力应变曲线上三应变段中的锯齿应力降和应力参数值

应变 ε（%）	最大应力降幅值 S_{max}（MPa）	最大加载应力/整个应力-应变曲线中的最大应力 τ/τ_c（%）
2～4	21.7	95.6
4～6	24.5	97.1
6～8	32.4	98.5

如图 3-11 所示，任一研究的应变段内的锯齿应力降 S 的补偿累积分布函数（CCDFs），$C(S)$ 服从幂律耦合指数衰减的形式，符合平均场理论的预测[80]。经过比较发现，随着加载应力的增加（具体以研究应变段内的最大应力与整个压缩应力-应变曲线中的最大应力的比，τ/τ_c 作为衡量）：① 最大锯齿事件（以最大应力降，S_{max} 为衡量）随之增加，符合平均场理论预测的 $S_{max}\sim(1-\tau/\tau_c)^{-1/\sigma}$，幂指数 $1/\sigma=0.38\pm0.04$；② 幂律截止应力降幅值增大，佐证非晶合金的临界性可受加载应力调控[101]。

在平均场理论的指导下，基于公式（3-6），三应变段应力降 S 的补偿累积分布函数经过归一化重组，可以得到 S1 非晶合金在 $2\times10^{-4}\ s^{-1}$ 应变速率下的大统一标度函数 $C''[S(1-\tau/\tau_c)^{1/\sigma}]=C''(x)=Cx^{-D}\exp(-(x/x_c')^2)$，其中 C 和 D 为常数，归一化临界应力降 $x_c'=S_c'(1-\tau/\tau_c)^{1/\sigma}$，其中 S_c' 为任一应变段内锯齿应力降的补偿累积分布函数幂律段截止时对应的临界应力降幅值。大统一标度函数的获得，允许预测加载过程中随着加载应力的增加应力降的分布情况。最大应力降与加载应力的关系，$S_{max}\sim(1-\tau/\tau_c)^{-1/\sigma}$，指导以后的研究实现，通过分析较低加载应力下的最大应力降就可以预测高应力下的最大应力降，进而判断剪切带过程的稳定性。归一化重组过程中，得到幂律指数 κ=1.48±0.05，在误差范围内，与平均场理论预测的 κ=1.5 一致[80,101]。

非晶合金原子排列长程无序，但存在一些短程序结构。根据目前已报道的成果，非晶合金可模型化为密排的类固区和易剪切变形的类液区，类液区可以是富自由体积区，可以是剪切转变区（STZs），也可以是流变单元区。类液区的激发、演化和相互作用发生逾渗过程触发了剪切带过程，进而产生了非晶合金的塑性流变。平均场理论认为锯齿应力降的出现源于弱点的失效滑移。可见，非晶合金中的类液区可视为平均场理论模型中的软点。平均场理论在解释非晶合金塑性流变中的有效性，可以帮助理解非晶合金的塑性变形过程和剪切带扩展机制，还有助于很多长期存在的问题的分析，譬如非晶合金中热软化、模量结构起源、玻璃转变等问题。

3.6　本章小结

本章介绍了 $Zr_{61.88}Cu_{18}Ni_{10.12}Al_{10}$（S1）非晶合金在不同应变速率下的室温压缩测试结果，借助统计学分析手段，揭示了复杂锯齿流变事件背后的特征规律，基于目前流行的自组织临界性和可调临界性两大理论，得到如下结论：

（1）观察 S1 非晶合金在四种不同的应变速率下（从 $5\times10^{-5}\ s^{-1}$、$2\times10^{-4}\ s^{-1}$、$2\times10^{-3}\ s^{-1}$ 到 $2\times10^{-2}\ s^{-1}$）的测试结果发现，在 $2\times10^{-3}\ s^{-1}$ 应变速率下塑性应变最大，约为 11%，此时试样表面呈现出多重剪切带相互交错的形貌特征，锯齿流变特征参数弹性能密度呈现出幂律分布特征。随着应变速率从 $5\times10^{-5}\ s^{-1}$ 增加到 $2\times10^{-3}\ s^{-1}$，弹性能密度出现了由高斯向幂律分布的转变。依据自组织临界性的四大特征得出，非晶合金塑性流变并非自然地发展成以单一幂律分布为特征的临界状态，幂律分布的出现需要通过调控外界条件（如加载应变速率、温度等）和非晶合金成分而获得。

（2）总体而言，非晶合金表现出塑性应变较大时，伴随有幅值小且数目多的锯齿事件产生，说明剪切带过程稳定。非晶合金锯齿事件特征参数应力降的平均幅值随应变速率的对数线性减小。在任一研究的应变速率下，S1非晶合金的锯齿应力降的补偿累积分布函数均服从小锯齿的幂律分布耦合大锯齿的指数衰减式规律。这说明非晶合金存在两种类型的锯齿事件，小的锯齿属于自相似序列，大的锯齿与开裂相关。幂律分布截止时对应锯齿应力降幅值随应变速率的降低而增大，符合平均场理论的预测，说明非晶合金锯齿流变的临界性受应变速率调控。

（3）随着加载的进行，非晶合金中锯齿应力降幅值逐渐增大，应力降最大幅值往往出现在临近断裂时，预示剪切带过程的不稳定扩展。在平均场理论的指导下，本研究得到加载应力随着应变增加，选取三等塑性应变段，研究发现，各段锯齿应力降的补偿累积概率密度函数均符合幂律耦合指数衰减的形式。各段的最大应力降幅值随加载应力的增加而增大，符合平均场理论的预测。此外，随加载应力的增加，幂律截止时对应的应力降幅值增大，说明非晶合金锯齿流变的临界性受加载应力调控。

综上所述，非晶合金的锯齿流变具有可调临界性，平均场理论模型在解释非晶合金塑性流变性质方面是有效的。本书第 4 章基于锯齿流变性质，介绍了非晶合金剪切温升这一问题，旨在探明非晶合金塑性不稳定性起源。

第4章　非晶合金锯齿流变中的剪切温升

4.1 引　言

通过 S1 非晶合金在不同应变速率下的锯齿流变分析发现，随着加载的进行，外加应力逐渐增大，加载应力的增大调控锯齿事件的特征参数应力降幅值逐渐增大。最大应力降幅值往往出现在非晶合金接近断裂时，这说明非晶合金在准静态室温压缩过程中，随着变形的进行，剪切带不稳定扩展发生。一种简单的平均场理论在解释非晶合金塑性流变性质方面的有效性，实现了应力降幅值发展的预测，进而预判剪切带过程的不稳定性。

非晶合金中剪切带不稳定扩展的起源主要有结构软化和热软化[58,103]。二者均认为非晶合金灾难性的断裂源于剪切层内粘度的骤然下降，所不同的是造成粘度下降的机制不同。结构软化，又称为应力诱导的膨胀。基于自由体积理论和剪切转变区理论，结构软化被提出，结构软化是指非晶合金中的单个原子受剪应力的驱动发生跳跃，在跳跃的过程中必然会挤开周围的原子，这使得局域处的材料发生膨胀，进而产生自由体积过剩，过剩的自由体积引起剪切带粘度的骤然下降[7,8,36,46]。热软化则类比晶体合金中的绝热温升，认为剪切带过程发生极快，瞬间产生的温升来不及扩散，于是剪切带粘度快速下降[16,17]。目前为止，关于结构软化和热软化在剪切带不稳定性方面扮演的角色依然存在很大的争议。本章重点研究非晶合金热软化这一问题。

早在 1972 年，Leamy 等人[104,105]已经留意到非晶合金拥有脉络花纹状的断裂面形貌特征，为热软化引发非晶合金灾难性断裂的假设的提出打下了基础。2005 年，Lewandowski 和 Greer[16]提出剪切带温升可高达几千开尔文，从此热软化招致剪切带不稳定性的争议成为了非晶合金界研究的热点。剪切带局域性强，原位示踪剪切带过程是困难的[90]。十几年来，众多的科研工作者转而借助理论模型[17,106]或间接的实验手段[18,49,107–109]以获取剪切带温升。总结目前所报道的文献发现，剪切带温升的研究结果存在非常大的差异，有的低到不足 1 开尔文[18]，有的高至几千开尔文[16]。

非晶合金中玻璃转变温度这一重要参数关乎原子的弛豫能力[106]。当温度高于玻璃转变点时，非晶合金的粘度小，原子扩散快，弛豫时间不足一秒；随着温度的降低，弛豫时间逐渐增加，当温度接近玻璃转变点时，原子的弛豫时间可达到实验时间量级，约为几秒。而当温度降低到玻璃转变点以下几度时，原子的弛豫时间会急剧性地延长，原子的振动和重排能力好像被“冻结”一样[106]。因此，玻璃转变温度被视为非晶合金的粘度发生重大变化的转折点。

基于非晶合金锯齿流变应力降幅值随加载时间延长而增大的统计特点，一个合理的假设被提出，即随着变形的进行，剪切带滑移过程中释放的能量逐渐增加，使得剪切热达到玻璃转变温度，引发剪切带的粘度骤然下降，剪切层体积膨胀开裂，进而出现剪切带扩展失稳。本章将借助非晶合金锯齿流变事件的特征参数：应力降（或载荷降）过程中释放的弹性能和应力降（或载荷降）的耗散时间，以估算剪切引入的温升。此外，应力降幅值受加载应变速率调控，本章将介绍非晶合金在不同应变速率下的最大剪切带温升[110]。

4.2　释放弹性能量的统计规律

$Zr_{62}Cu_{15.5}Ni_{12.5}Al_{10}$（简称 S3，具体的材料制备及压缩测试准备工作类似第 3.2 章节）非晶合金进行三种不同应变速率 $3\times10^{-5}\ s^{-1}$、$3\times10^{-4}\ s^{-1}$ 和 $3\times10^{-3}\ s^{-1}$ 的压缩测试[110]结果如图 4-1 所示，其示意了测试后的载荷 *F*-位移曲线。与 S1 非晶合金在不同应变速率下的应力-应变曲线类似，S3 非晶合金在三种应变速率下的载荷 *F*-位移曲线均表现为线弹性变形后的不均匀塑性流变特征，即载荷随应变锯齿状地演变。就某一锯齿事件而言，其缓慢的载荷上升过程中，外加作用力对系统做功，能量被储存；其骤然的载荷跌落过程中，储存的能量将通过剪切带的滑移得以释放，剪切层温度升高。

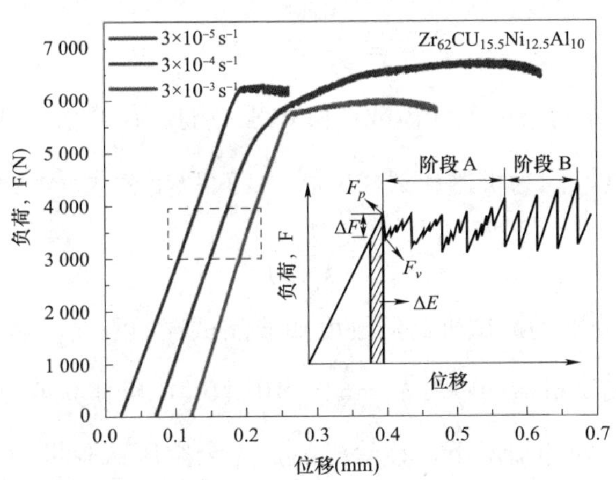

图 4-1　S3 非晶合金在三种应变速率下的室温压缩载荷 *F*-位移曲线

在估算剪切带滑移过程中产生的热的过程中，一个关键的参数是释放的弹性能量[63,111]，而这部分能量来源于锯齿载荷缓慢增加过程中储存的弹性能。实际上，测试机器并非完全刚性，这就说明在外力的驱动下测试机器本身能够储存一部分能量[35,36]。所以，本章考虑了测试机器刚度的影响，将整个测试系统看作是由机器和非晶合金试样二者串联组成的测试系统，如图 4-2 所示。在锯齿载荷缓慢上升的过程中，外力对整个测试系统做功。

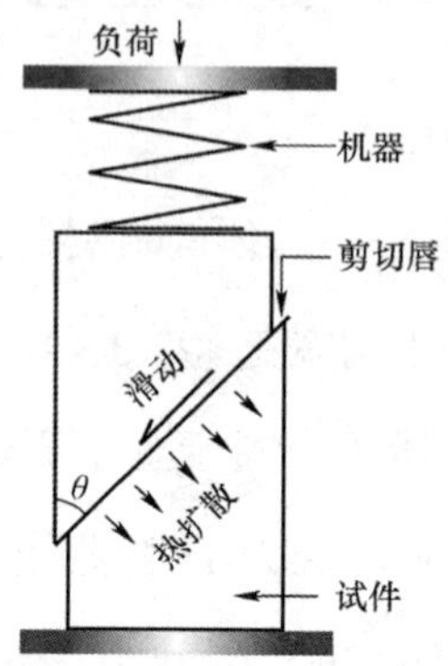

图 4-2　由测试机器和非晶试样串联组成的测试系统的示意图[51]

对任一锯齿事件而言，载荷下降过程中释放的弹性能量 ΔE（图 4-1 的插图中阴影区面积）为：

$$\Delta E = \frac{1}{2k}(F_p^2 - F_v^2) \tag{4-1}$$

其中，F_p 和 F_v 分别为单个锯齿载荷降过程中的载荷峰值和载荷谷值。k 为测试系统的刚度，因为机器和试样串联，k 可以用公式（4-2）计算：

$$k = \frac{k_m k_s}{k_m + k_s} \tag{4-2}$$

其中，k_m 和 k_s 分别为测试机器的刚度和非晶试样的刚度。

本研究中测试机器的刚度 $k_m = 6.9 \times 10^7$ N/m，具体获取方法为：在保证其他测试条件相同的情况下，移除样品，完全空压试验机，得到应力-应变曲线后，根据曲线弹性阶段的斜率得到试验机的刚度。而非晶试样的刚度 k_s 的计算为：

$$k_s = \frac{EA}{l} \tag{4-3}$$

其中，E 为 S3 非晶合金的杨氏模量，E=79.65 GPa。A 为非晶试样的横截面积，由于试样的直径 $L_\varnothing$ 为 2 mm，$A = 3.14$ mm^2。$l = 4$ mm，为试样的高

度。根据公式（4-3），本研究中非晶合金样品的刚度 $k_s = 8.8\times10^7$ N/m。

图 4-3 给出了三种应变速率下释放弹性能量 ΔE 随加载时间的散点图。总体而言，任一应变速率下，释放弹性能量 ΔE 跨三个尺度，小尺度（$\Delta E<0.1\times10^{-2}$ J），中尺度（0.1×10^{-2} J$\leqslant\Delta E<1\times10^{-2}$ J）和大尺度（$\Delta E\geqslant1\times10^{-2}$ J）。相比较而言，与锯齿应力降幅值的趋势一致，释放弹性能量 ΔE 随加载应变速率的增大而减小。此外，在 3×10^{-5} s^{-1} 低应变速率下，小尺度释放弹性能量（$\Delta E<0.1\times10^{-2}$ J）和中尺度释放弹性能量（0.1×10^{-2} J$\leqslant\Delta E<1\times10^{-2}$ J）的数目所占比例小，暗示锯齿应力降的平均幅值较大。如图 4-1 所示，S3 非晶合金在 3×10^{-5} s^{-1} 应变速率下展现出最小的塑性位移，这与较大的平均应力降幅值的结果相吻合。

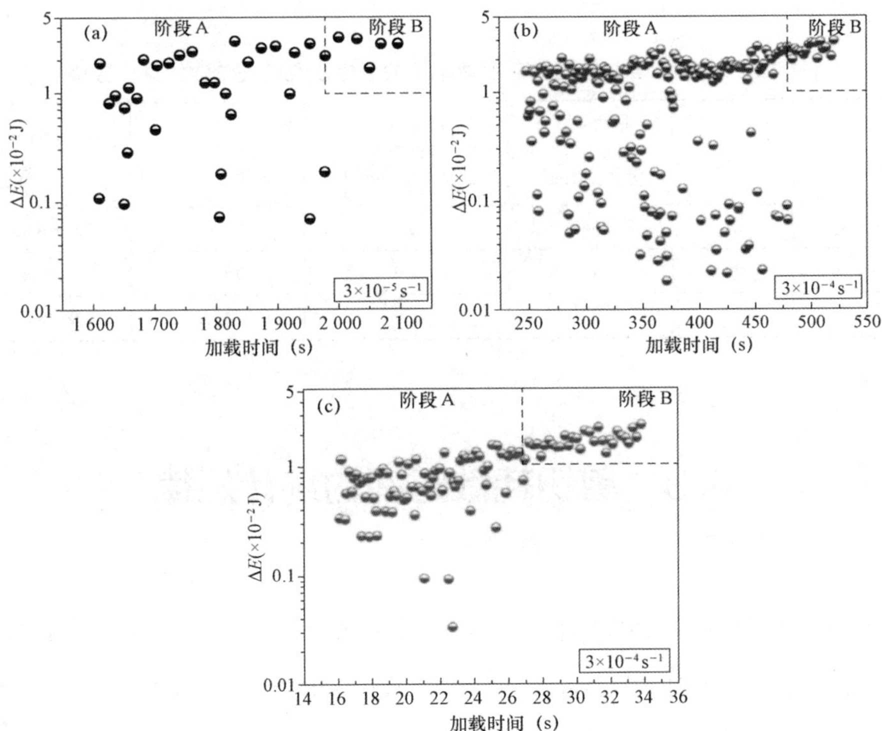

图 4-3　S3 非晶合金在三种应变速率下释放弹性能量随加载时间的散点图

依据释放弹性能量ΔE的特征（图 4-3），整个塑性流变过程可分为 A 和 B 两个阶段。在 A 阶段中，小尺度释放弹性能量（$\Delta E < 0.1\times10^{-2}$ J）或中尺度释放弹性能量值（0.1×10^{-2} J$\leqslant \Delta E < 1\times10^{-2}$ J）与大尺度释放弹性能量（$\Delta E \geqslant 1\times10^{-2}$ J）交错出现，呈现出一种典型的自相似特征[25,55]，此阶段中释放弹性能量无特征尺度[55]。A 阶段中，非晶合金的塑性流变较稳定。而在 B 阶段中，仅有大尺度释放弹性能量出现，这种具有一定标度特征的锯齿事件往往展现出特征参数的峰值分布或正态分布[89]，对应非晶合金中出现剪切带的大步滑移，剪切带过程不稳定。已报道的剪切带温升研究的工作大都集中在 A 阶段[18,106,108,109,112]，本章旨在研究剪切带的最大温升，因此将重点关注拥有大释放弹性能量值的 B 阶段，任一应变速率下 B 阶段中的最大释放弹性能量值ΔE_{max}见表 4.1。

表 4.1　S3 非晶合金在三种应变速率下的各性质及特征参数的具体数值

应变速率 $\dot{\varepsilon}$（s^{-1}）	塑性应变 γ（%）	最大锯齿应力降 S_{max}（MPa）	最大释放弹性能量 ΔE_{max}（$\times10^{-2}$ J）	B 阶段平均载荷降持续时间 $\bar{\delta}_t$（s）	最大剪切带温升 ΔT_{max}（K）
3×10^{-5}	2	54	3.2	76 ± 3	2.6 ± 0.05
3×10^{-4}	9	46	2.9	76 ± 2	2.3 ± 0.03
3×10^{-3}	5	38	2.4	54 ± 2	1.9 ± 0.03

4.3　剪切耗散时间的统计规律

剪切带滑移以释放弹性能量[57]，因而剪切带滑移过程耗散的时间是估算剪切产热的第二个重要参数。本研究假设锯齿载荷降的持续时间为剪切耗散时间。

载荷降持续时间的捕捉要求实验采用的数据采集频率足够高。一个最简单的检测方法是数据点去除法[66]。S3 非晶合金在三种应变速率下载荷的数据采集频率均为 500 Hz，这意味着连续两个载荷数据点之间的时间间隔为 2 ms。数据点去除法的具体步骤是：对任一应变速率而言，首先，当前数据采集频率（500 Hz），此时对应连续两个载荷数据点的时间间隔 Δt =2 ms，统计锯齿数目 N_1；接着，每隔一个载荷数据点去除一个载荷数据点，因此连续两个载荷数据点的时间间隔为 Δt =4 ms，统计此时捕捉到的锯齿数目 N_2；重复进行此过程，得到对应的锯齿数目 N_1，N_2，…，N_n。

图 4-4 是三种应变速率下捕捉到的锯齿事件数目 N 随连续两个载荷数据点时间间隔 Δt 的统计图。可见，对任一应变速率而言，锯齿数目是保持不变的，直到两个连续载荷数据点的时间间隔 Δt ＞32 ms，由此可以初步判定本研究采用的载荷数据采集频率 500 Hz 是足够的。此外，Antonaglia 等人[55]在锯齿应力降持续时间的研究中，采用了 100 kHz 的高数据采集频率，采集到的结果是大锯齿（应力降幅值大于 10 MPa）的持续时间基本大于 10 ms，本章关注拥有大释放弹性能量的大锯齿的剪切温升，由此进一步确定 500 Hz 的数据采集频率能够保证大锯齿过程中剪切温升的研究。

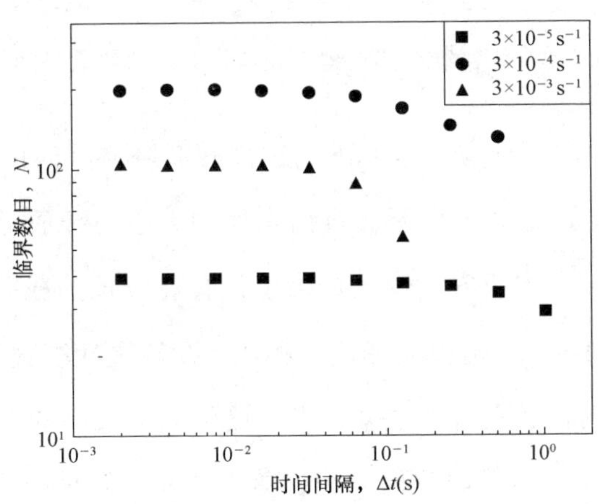

图 4-4　S3 非晶合金在三种应变速率下锯齿数目随两个连续载荷数据点时间间隔的统计图

图 4-5 示意了单个锯齿载荷降过程中载荷降速率 $-\mathrm{d}F/\mathrm{d}t$ 随耗散时间的

变化图，由此可以捕捉锯齿载荷降（或应力降）的持续时间 δ_t。对压缩测试得到的载荷或应力数据取其对时间的导数，给出载荷降速率 $-\mathrm{d}F/\mathrm{d}t$（或应力降速率）随加载时间的曲线；对锯齿事件按照出现时间的先后顺序排序，就第 i 个锯齿事件而言，当载荷降速率 $-\mathrm{d}F/\mathrm{d}t$（或应力降速率）开始变为正值时，载荷降落开始，此时对应的加载时间为 i_{start}；随着时间的耗散，当载荷降速率 $-\mathrm{d}F/\mathrm{d}t$（或应力降速率）开始变为负值或接近 0 时，载荷降落结束，此时对应的加载时间为 i_{end}。据此，锯齿 i 载荷降的持续时间 $\delta_t = i_{\mathrm{end}} - i_{\mathrm{start}}$ [55,100,113]。

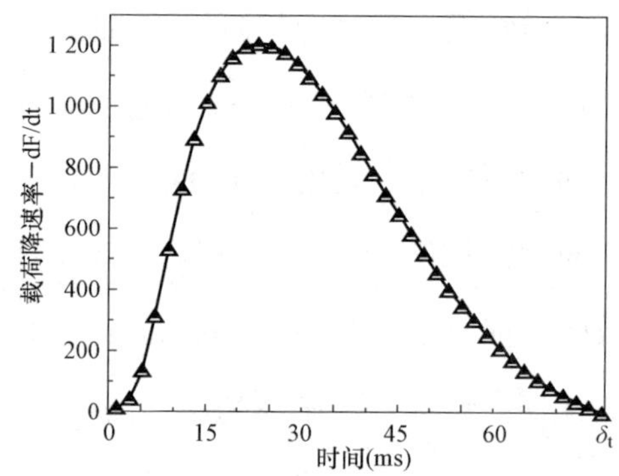

图 4-5　单个锯齿载荷降过程中载荷降速率随耗散时间的变化

S3 非晶合金在三种应变速率下的锯齿载荷降持续时间 δ_t 随释放弹性能量 ΔE 的统计结果如图 4-6 所示。锯齿事件的大小与释放弹性能量值（或应力降幅值）正相关，本研究发现大锯齿事件有着较长的载荷降持续时间。与 $3\times10^{-5}\ \mathrm{s}^{-1}$ 和 $3\times10^{-3}\ \mathrm{s}^{-1}$ 两种应变速率相比，在较高应变速率 $3\times10^{-3}\ \mathrm{s}^{-1}$ 下，锯齿载荷降持续时间 δ_t 总体上要短一些，这是因为较高的加载速率使得剪切层内原子来不及完全弛豫，锯齿载荷降落不能完全发展[114]。

本章关注 B 阶段的剪切温升，图 4-6 示意 B 阶段的锯齿载荷降持续时间 δ_t 浮动很小，走势平稳，所以在任一应变速率下剪切温升的计算过程中，B 阶段的锯齿载荷降持续时间的平均值 $\overline{\delta_t}$ 被视为剪切耗散时间。任一应变速率下，B 阶段的载荷降持续时间均在几十个毫秒的时间尺度（具体数值见表 4.1），这与 Antonaglia 等人[55]报道的 $Zr_{45}Hf_{12}Nb_5Cu_{15.4}Al_{10}$ 非晶合金中大锯齿事件应力降持续时间的结果吻合。

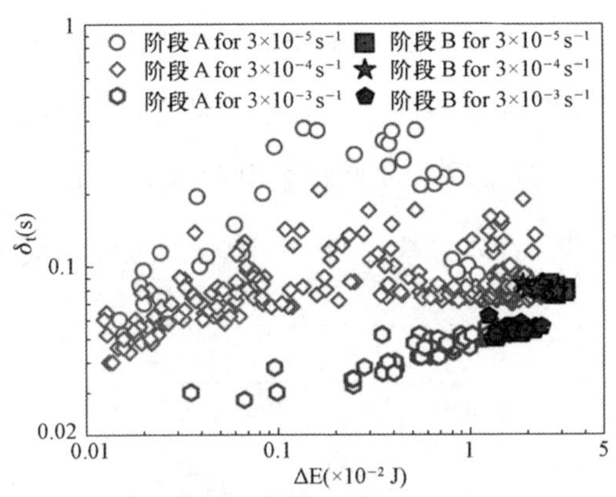

图 4-6　S3 非晶合金在三种应变速率下的锯齿载荷降持续时间随释放弹性能量的统计散点图

4.4　剪切扩展机制

剪切带局域性强，直接示踪剪切带过程极具挑战性。基于非晶合金界塑性流变理论和模拟的发展，起初有几种剪切带扩展机制以假设的方式被提出[3,11,14,48,55,115–118]。间接的实验手段、理论模型以及模拟研究等的结果指明，渐进扩展和同时扩展为非晶合金中剪切带扩展的两种方式[14,15,49,55,118]，其示意图如图 4-7 所示。渐进扩展指的是，剪切前端渐进地向前（如箭头所示方向）推进，而剪切前端之后的部分滑移微小甚至不发生滑移[14,55]。同时扩展则指发展成熟的剪切带沿着整个剪切面同步滑移[49,55,118]。2013 年，Wright 等人在非晶合金的准静态室温压缩测试过程中，采用高速照相机（图像采集速率为 12.5 kHz）捕捉剪切带过程，采集到的图像证实了剪切带同时扩展方式的存在[118]。2015 年，Qu 等人巧妙地设计了中断测试即在压缩测试过程中停止加载，取下样品测量表面划痕的变化以量化剪切带扩展长度，多次的中断测试结果证实了剪切带渐进扩展方式的存在[14]。2018 年，Cao 等人的分子动力学模拟研究结果指出，剪切带过程中有局域剪切的渗漏和整个剪切带应变集中的团簇两种形貌的出现，由此推测分别对应剪切带的渐进扩展和同时扩展方式[117]。已报道的研究证实剪切带扩展机制的选择会影响剪切带温升的计算结果[49]。在本章中，就 B 阶段的大锯齿而言，剪切带同时扩展被假设。

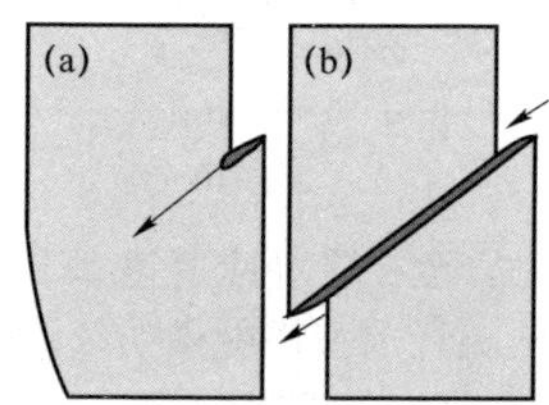

图 4-7　非晶合金中剪切带扩展方式示意图
（a）渐进扩展，（b）同时扩展

锯齿流变动力学与剪切带扩展机制密切相关[13,14,55]。如上章所述，非晶合金中存在两种类型的锯齿事件，具体而言，小锯齿事件符合以特征参数应力降的幂律分布为特征的自相似动力学，大锯齿事件拥有典型的开裂标度行为，即大锯齿事件的应力降的补偿累积分布函数（或概率密度函数）符合指数衰减规律，这与平均场理论的预测一致[55]。平均场理论模型在搭建时认为，小的锯齿事件源于剪切带的渐进扩展，剪切带在应力集中处由于弱点的失效滑移而被开启，进而远离应力集中向低应力区扩展，这个过程中平均每个弱点滑移一次，有限量的滑移则产生相应小的应力降落；对于脆性材料而言，随着弱点的滑移，剪切层发生膨胀，弱点的断裂应力越来越小，在同一个锯齿应力降过程中，一个弱点可能发生多次滑移[55]。因此，非晶合金大锯齿应力降落过程中，许多弱点不只滑移一次，能够发生多次滑移，最终剪切弱点铺满整个剪切层，出现剪切带的同时扩展方式。

图 4-8 是 S3 非晶合金在三种应变速率下幅值相等的小锯齿事件（应力降幅值为 1.5 MPa 和 7.5 MPa）的应力降速率的时间图谱，应力降速率随时间类抛物线变化。以应力降幅值为 1.5 MPa 的小锯齿事件为例，弱点滑移释放相同的应力，随着应变速率的增加，应力降持续时间减小说明允许弱点滑移的时间缩短，单个弱点仅滑移一次，这就需要弱点的滑移速率增大。随着锯齿事件的应力降幅值的增加［从 1.5 MPa 到 7.5 MPa，从图 4-8（a）到图 4-8（b）］，应力降的持续时间延长，符合平均场理论的预测[47]。小锯齿应力降过程中，平均一个弱点滑移一次，弱点的弱化效应小，也就是说剪切层材料体积膨胀小，剪切带扩展稳定。此外，在 3×10^{-3} s^{-1} 较高的应变速率下，应力降速率抛物曲线表现出较好的轴对称性。随着应变速率的降低，应力降速率抛物线向左倾斜，呈现出长尾现象，这暗示弱点的振动能力随着局部应力的释放而减弱，这种滞后的阻尼效应在低应变速率 3×10^{-5} s^{-1} 下体现得最为明显[55,119]。

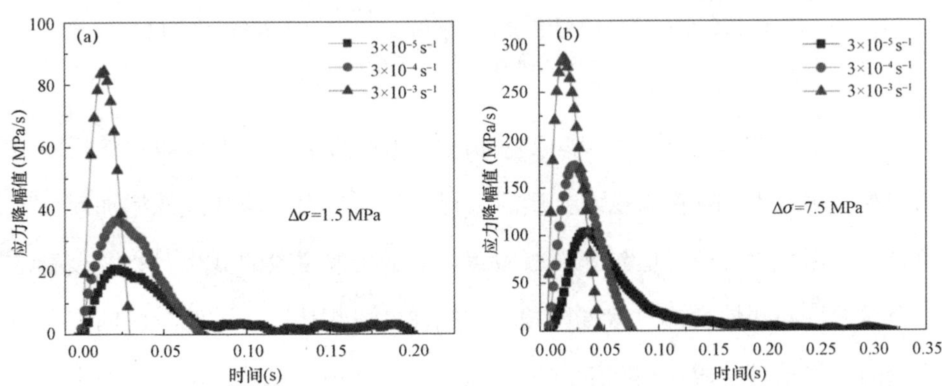

图 4-8　S3 非晶合金在三种应变速率下具有相同应力降幅值的锯齿事件的应力降速率时间图谱：（a）小锯齿应力降幅值为 1.5 MPa，（b）小锯齿事件应力降幅值为 7.5 MPa

图 4-9 是选自 B 阶段的应力降大小为 34 MPa 的大锯齿的载荷降速率的时间图谱。与小锯齿（应力降幅值为 1.5 MPa 和 7.5 MPa）相比，大锯齿（应

力降幅值为 34 MPa）的应力降持续时间长，且应力降速率显著增加。在 3×10^{-4} s^{-1} 和 3×10^{-5} s^{-1} 的低应变速率下，大锯齿（应力降幅值为 34 MPa）的应力降速率图谱几乎重合，这说明应力降速率随应变速率的增加不再单调增大。对于非晶合金而言，大锯齿应力降过程中，大量弱点滑移多次，这种多次且高速率的滑移造成剪切层体积膨胀严重，开裂倾向大，弱化效应明显，剪切带扩展稳定性差；弱点的振动能力强，由此释放大量的应力，任一应变速率下表现出微弱的迟滞阻尼效应[119]。

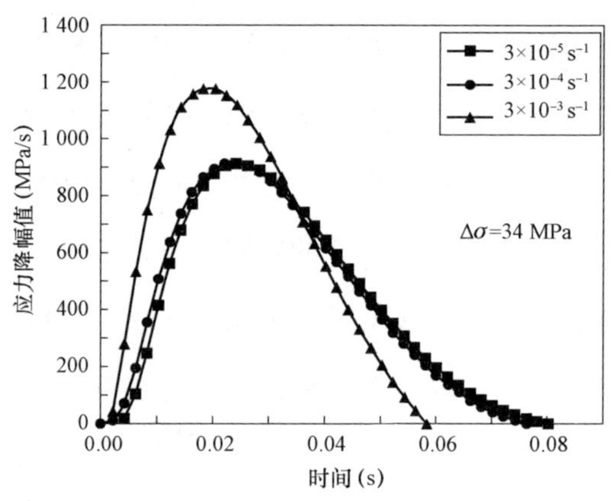

图 4-9　S3 非晶合金在三种应变速率下大锯齿（相同的应力降幅值 34 MPa）的应力降速率时间图谱

非晶合金的室温压缩应力-应变曲线往往有两个关键点，即弹性极限点和宏观屈服点[9]。随着加载或变形的进行，起初应力随应变线性增加，当出现第一个锯齿事件时，达到弹性极限点，暗示线弹性段的截止[14]；紧接着是一个线弹性向塑性变形过渡的阶段，与线弹性段相比，在过渡阶段的应力随应变的增加稍微变缓，期间迸发出间歇性的小锯齿事件，单位应变的小锯齿数目逐渐增加[14]；过渡段的截止以一个明显的大锯齿事件出现为标志，对应非晶合金的宏观屈服点，之后进入塑性变形阶段，应力随应变非常缓慢地增加，伴随有大量的锯齿事件的产生[55,114,120,121]。

Qu 等人的中断测试证实非晶合金在弹性极限点处剪切带形核，以小锯齿流变为主的过渡段中，剪切带以渐进的方式扩展长大，直到宏观屈服点时，一个大锯齿事件的出现，暗示一条成熟的剪切带形成[14]。可见，小锯齿事件对应剪切带发生渐进扩展，这已得到了实验支撑。Wright 等人在大锯齿事件中捕捉到了剪切带的同时扩展，而且剪切带的扩展时间与锯齿应力降（或载荷降）的持续时间同步[13]。在对锯齿事件的特征参数进行整体的统计分析时，本研究一般选取自宏观屈服点至断裂的所有锯齿事件为样本。本章着重计算 B 阶段大锯齿流变过程中的剪切带温升，因此剪切带同时扩展方式的选取是合理的。

4.5　剪切引入的温升

4.5.1　应变速率对剪切温升的影响

在载荷降耗散时间为剪切耗散时间、B 阶段大锯齿过程中剪切带同时扩展的两个假设的前提下，基于 S3 非晶合金在三种应变速率下的 B 阶段锯齿特征参数的统计结果，即载荷降过程中最大释放弹性能量 $\Delta E_{\max}$ 和载荷降的平均耗散时间 $\overline{\delta}_t$，本章通过搭建模型对 S3 非晶合金在三种不同应变速率下的最大剪切温升进行了估算，剪切温升计算结果有助于热软化对剪切不稳定性影响的理解。

关于非晶合金剪切带的厚度 $2h$，目前较被接受的尺度范围是 10～100 nm[3,122]。本研究假设剪切带在同时扩展过程中其厚度 $2h$ 固定不变，由于剪切带厚度远小于试样的高度 l，即 $2h \ll l$，可以被视为窄带在无限大固体中产热的典型案例。在这种情况下，S3 非晶合金在任一应变速率下大锯齿过程中，剪切带扩展过程中产生的热 ΔT 为：

$$\Delta T=\frac{\xi\omega t}{K}\left[1-2i^2\mathrm{erfc}\left(\frac{h-X}{2\sqrt{\xi t}}\right)-2i^2\mathrm{erfc}\left(\frac{h+X}{2\sqrt{\xi t}}\right)\right]\quad (0<X<h,0<t<\delta_t)$$
$$\Delta T=\frac{2\xi\omega t}{K}\left[i^2\mathrm{erfc}\left(\frac{h-X}{2\sqrt{\xi t}}\right)-i^2\mathrm{erfc}\left(\frac{h+X}{2\sqrt{\xi t}}\right)\right]\quad (X>h,0<t<\delta_t) \tag{4-4}$$

其中，ξ 是热扩散系数，ρ 是体积密度，C_p 是比热[57]。对于 S3 非晶合金，$\xi=3.5\times10^{-6}$ m²/s，$\rho=6.615$ g/cm³，$C_p=0.42$ J/gK[23,57,123,124]，于是热传导率 $K=\rho C_p\xi=9.72$ J/Kms[123,124]。$i^n\mathrm{erfc}x=\int_x^{\infty}i^{n-1}\mathrm{erfc}\epsilon\, d\epsilon$（$n=1$，2，…），为补充误差函数的第 n 次迭代积分，$i^0\mathrm{erfc}x=\mathrm{erfc}x$ [123]。X 是自剪切带中心的距离，t 是自锯齿载荷降起始点的耗散时间。主剪切带单位时间单位体积耗散的弹性能量，即弹性能密度 ω：

$$\omega=\frac{\phi\Delta E}{2hA'\delta_t} \tag{4-5}$$

其中，ϕ 是剪切带滑移将弹性能转变成热能的百分比，本研究中 ϕ=0.9，该百分比值与 Wang 和 Qiao 等人的研究报道一致[57,125]。

对于高径比为 2∶1 的非晶合金，其主剪切带沿着与加载轴线呈 45° 方向扩展，则主剪切面的面积等于如图 4-10 所示的椭圆面积，椭圆的短轴长等于试样横截面的直径长 L_ϕ，椭圆的长轴长等于试样横截面的直径长的 $\sqrt{2}$ 倍即 $\sqrt{2}L_\phi$。因此，主剪切带面积 A' 的计算为，

$$A'=\frac{\sqrt{2}\pi L_\phi^2}{4} \tag{4-6}$$

就本研究的非晶合金试样而言，横截面直径长 $L_\phi=2$ mm，因此主剪切面面积 $A'=4.44$ mm²。

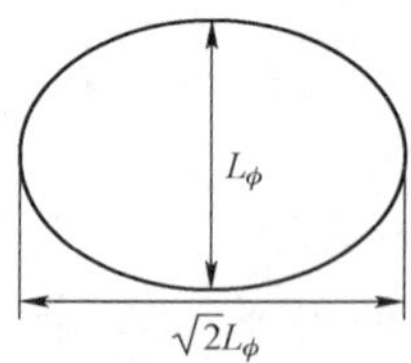

图 4-10　高径比为 2∶1 的非晶合金的主剪切面面积计算示意图

根据公式（4-4），S3 非晶合金在三种不同应变速率下，剪切带温升 ΔT 随耗散时间 t 和自剪切带中心的距离 X 发生变化，计算结果如图 4-11 所示。任一应变速率下，剪切带温升 ΔT 随耗散时间 t 的延长而增大，在锯齿载荷降落结束点时剪切带温升 ΔT 达到了峰值。随着应变速率从 $3\times10^{-5}\ \mathrm{s}^{-1}$，增加到 $3\times10^{-4}\ \mathrm{s}^{-1}$，再增加到 $3\times10^{-3}\ \mathrm{s}^{-1}$，剪切带的最高温升 ΔT_{max} 从 2.6 K，减小到 2.3 K，再减小到 1.9 K。然而，任一应变速率下，随自剪切带中心距离 X 的增加，剪切带温升 ΔT 变化微小，譬如在 $3\times10^{-5}\ \mathrm{s}^{-1}$ 的应变速率下锯齿载荷降结束时，剪切带中心的温升为 2.575 K，距离剪切带中心 1 000 nm 处的温升为 2.570 K，这与缓慢热扩散下的剪切温升研究结果吻合。总之，

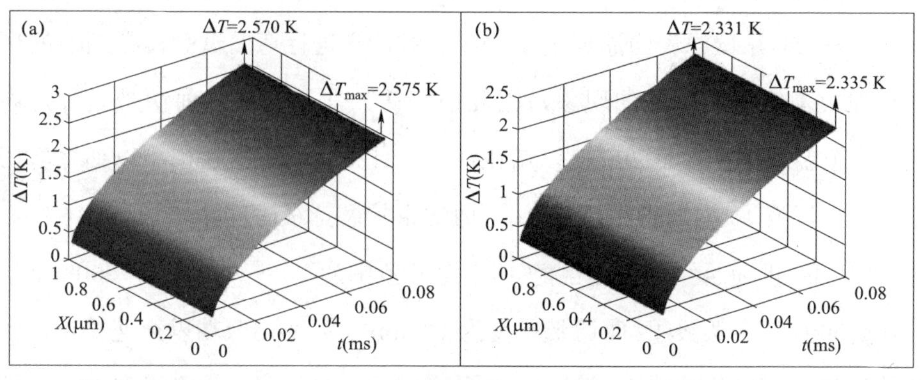

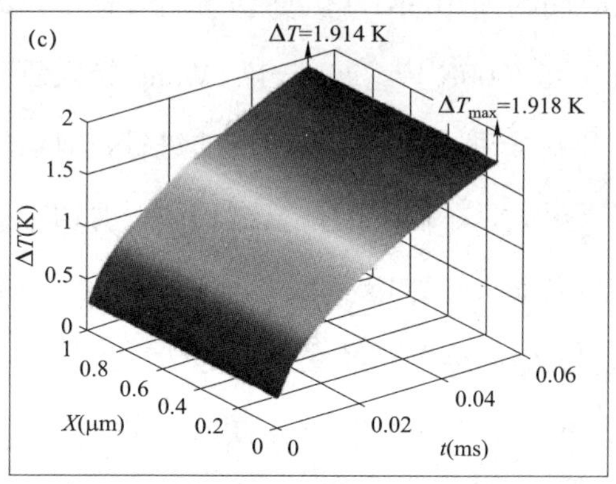

图 4-11　S3 非晶合金大锯齿事件过程中剪切带温升随远离剪切带中心的位移和耗散时间的变化图在应变速率为（a）$3\times10^{-5}\ \mathrm{s}^{-1}$，（b）$3\times10^{-4}\ \mathrm{s}^{-1}$，（c）$3\times10^{-3}\ \mathrm{s}^{-1}$

S3 非晶合金在三种不同应变速率下的剪切带温升都是温和的，最大剪切带温升均不足 3 K，温和的剪切带温升暗示热软化对于剪切带不稳定性的影响很小。

如前所述，目前关于非晶合金中剪切温升问题的研究结果大致有两派，本章的计算结果则支持温和的剪切带温升一派。研究发现，引发两派争议的关键是参数剪切耗散时间的估算。高剪切带温升一派认为剪切带扩展非常快，扩展速率为声速或亚声速，因而在剪切带温升的计算过程中，剪切耗散时间仅仅在纳秒量级[16,17,57,126]。温和的剪切温升一派则主张剪切带扩展与锯齿载荷降的持续时间同步，应在毫秒量级[18,49,106,107]。

高的剪切带温升源于剪切带的高速率扩展。2005 年，Lewandowski 和 Greer 先在非晶试样表面涂覆了锡，接着对试样进行弯曲试验，在断后的试样表面发现锡涂层融化的现象，因此他们认为非晶合金的剪切带温升是高的，这个温升至少高至 200 K 以熔化锡[16]。此外，他们搭建模型以估算剪切带温升，假设① 剪切带零厚度；② 剪切带扩展持续时间范围为 7～167 ns；③ 剪切带同时扩展，最终预测剪切带温升范围为 207～1400 K。2008 年，Georgarakis 等人假设① 剪切带厚度为 10 nm；② 剪切前端以声速扩展，由此剪切带扩展耗散时间约为 10 ns；③ 剪切带同时扩展，最终得到 10 nm 厚的剪切带的最高温升近 2000K[17]。2016 年，Wang 等人研究了所有锯齿事件过程中的剪切带温升并发现，随着塑性变形的进行，剪切层的热可以增大到非晶合金的熔点甚至更高，在他们的计算过程中，剪切带扩展的持续时间为 200 ns[57,127]。本章结果证实，剪切带的高速率扩展这一假设是不成立的。

早在 2001 年，Wright 等人已经注意到剪切带扩展机制的选取影响温升的计算结果[58]。Wright 等人先假设剪切带同时扩展，在与非晶试样两端面接触的机器加载平盘上接了两个线变位移变压器以记录试样的轴向位移，剪切带沿轴向的塑性变形速率为：

$$\dot{\gamma}_{\text{plastic}} = \dot{\gamma}_{\text{total}} - \Delta\dot{F} / k_s \tag{4-7}$$

其中，直接测量的总速率 $\dot{\gamma}_{\text{total}} = 9.5 \times 10^{-5}\text{m/s}$。剪切带在滑移的过程中，非晶试样会发生弹性回复，弹性回复速率为 $\Delta\dot{F} / k_s$，$\Delta\dot{F}$ 和 k_s 分别为载荷降的速率和试样的刚度。基于剪切带同时扩展，零厚度的剪切带的温升为：

$$\Delta T = \frac{\sqrt{2}\tau'\dot{\gamma}_{\text{plastic}}}{K}\sqrt{\frac{\phi\delta_t}{\pi}} \tag{4-8}$$

其中，τ' 是屈服点时的剪切应力。K、ϕ 和 δ_t 依然分别是热传导率，弹性能量转化为热能的百分比和剪切耗散时间。基于公式（4-7），Wright 等人得到发生同时扩展的剪切带的产热仅为几开尔文[48]。

2009 年，Wright 等人研究了剪切带渐进扩展假设下产生的热[115]。热源不再是整个剪切面，可以被视为一个平面缝隙。通过类比螺位错中心半径的计算公式，剪切缝隙的半厚度 a 为：

$$a = u_{\text{plastic}} / 2\pi\gamma_{\text{yield}} \tag{4-9}$$

其中，u_{plastic} 是剪切台阶，τ_{yield} 和 G 分别是宏观屈服点时对应的应变和剪切模量，于是宏观屈服点时的应变有 $\gamma_{\text{plastic}} = \tau_{\text{yield}} / G$。若滑移的剪切带做的功全部以热能的形式耗散，单位长度的剪切带的热产生速率 $\dot{Q}$ 为：

$$\dot{Q} = \tau_{\text{yield}} u_{\text{plastic}} v_p \tag{4-10}$$

基于剪切带在每次滑移后能够完全贯穿整个试样的假设，剪切带的渐进扩展速率 v_p：

$$v_p = \sqrt{2}W / \delta_t \tag{4-11}$$

其中，W 是试样的宽度。零厚度的剪切带沿剪切缝隙宽度 x 方向扩展而产生的热 ΔT 为：

$$\Delta T = \frac{\dot{Q}}{4\pi K}\frac{1}{a}\int_{-a}^{a} exp\left[\frac{v_p(x-x')}{2\xi}\right]G_0\left[\frac{v_p(x-x')}{2\xi}\right]\mathrm{d}x' \tag{4-12}$$

其中，ξ 和 K 依然分别是热扩散速率和热传导率。$G_0(x)$ 是修正的第二种零阶贝塞尔函数。根据公式（4-12），他们估算得到剪切带渐进扩展以产生一个 2 μm 厚的剪切台阶，剪切引入的最大温升为 65 K。

综上所述，基于不同的剪切带扩展机制估算得到的最大剪切温升不同。Wright 等人的研究结果说明剪切带以任何一种方式扩展产生的热是不高的，不足 100 K[48,115]，这是因为通过锯齿事件捕捉到的剪切带的扩展速率远不及声速，剪切耗散时间在毫秒量级。Wright 等人也注意到上述的研究均基于假设，缺乏实验证据。于是在 2014 年，他们类比 Lewandowski 和 Greer 的工作，对试样进行了表面锡涂覆，巧妙的地方是他们在试样断裂前的塑性流变过程中中断测试后观察了锡涂层的变化，观察结果指明在塑性流变过程中没有锡熔化的现象[18]，他们发现仅在试样断裂后才有涂层锡熔化的现象[128]。这也佐证塑性流变过程中的温升不大，更说明以 Lewandowski 和 Greer 为代表的高剪切温升一派，仅从断裂试样表面的熔化现象就断定剪切温升很高的认识是不全面的。

红外热图谱技术捕捉到的结果同样证实非晶合金剪切带过程中的温升是微弱的。2008 年，Jiang 等人配备红外照相机以捕捉三种不同应变速率（$4.9\times10^{-4}\ s^{-1}$、$4.4\times10^{-3}\ s^{-1}$ 和 $2.8\times10^{-2}\ s^{-1}$）下的剪切带温升[129,130]。随着应变速率的增加，锯齿应力降幅值逐渐减小。但是，红外图谱显示随着应变速率的增加，剪切带的最大温升从 0.35 K、0.7 K 增加到 3.25 K[129]，这一趋势与本研究的计算结果相反。研究发现，在 Jiang 等人的研究中，试样的尺寸为长度 1.2 mm，宽度 2 mm，也就是长宽比为 0.6[129]，与本章试样的尺寸不同。在长宽比为 0.6 的情况下，试样会因测试机器两压缩盘与试样两端面之间的摩擦力作用而受到一个额外的径向应力约束[35–37,131]，在 $4.9\times10^{-4}\ s^{-1}$ 和 $4.4\times10^{-3}\ s^{-1}$ 较低的应变速率下出现了不止一个主剪切面的反常形貌[129]。相同的能量被分配到多条主剪切带，使得平均每条剪切带的耗散能量减小，产生的温升小，于是在 $4.9\times10^{-4}\ s^{-1}$ 和 $4.4\times10^{-3}\ s^{-1}$ 两应变速率下捕捉到的剪切最大温升小。2016 年，Thurnheer 等人在提高红外照相机帧频（2 500 Hz）的基础上，研究了直径为 2 mm 且高度为 4 mm 的（即不受径向约束）$Zr_{57.1}Co_{28.6}Al_{14.3}$ 非晶合金在 1×10^{-3} s^{-1} 应变速率下的室温压缩过程中的剪切带温升[49]。他们发现对于一个具有应力降幅值为 28 MPa 的大锯齿事件来说，其应力降过程中的最大剪切带温升约为 3 K[49]，与本研究结果类似。红外照相机虽然捕捉到的是试样表面的温升，但红外图谱能够说明剪切带扩展产热小。

4.5.2　机器刚度对剪切温升的影响

目前已报道的关于温和剪切带温升研究的文献颇多[16,18,132]，但大部分的文献忽略了储存在测试机器中的能量部分。Han 等人应用一系列试验机（试验机刚度的范围为 2.28×10^7～1.59×10^8 N/m）对 $Zr_{64.13}Cu_{15.75}Ni_{10.12}Al_{10}$ 非晶合金进行室温准静态压缩测试并发现，高刚度试验机压缩的非晶合金试样产生的塑性应变显著增大[35]。他们的研究指出储存在测试机器中的能量是与试验机刚度成反比的[35]。就 4 mm 直径的非晶合金试样而言，若测试机器刚度较大（8.12×10^7 N/m），存储在试验机的能量为由测试机器和试样串联组成的测试系统的总能量的 27.5%[35]；若测试机器刚度较小（3.13×10^7 N/m），则储存在试验机中的能量可以占到总能量的 80%[35]。由此可见，储存在测试机器中的能量对于剪切带温升计算的影响不可忽视。

本章将从锯齿特征参数释放弹性能量 ΔE 中将储存在测试机器中的能量 $\Delta E_{\text{machine}}$ 部分剥离出来，分析该部分能量 $\Delta E_{\text{machine}}$ 对剪切带温升结果的影响。首先，公式（4-1）可以被改写成：

$$\Delta E=\frac{1}{2k_m}(F_p^2-F_v^2)+\frac{1}{2k_s}(F_p^2-F_v^2)=\Delta E_{\text{machine}}+\Delta E_{\text{specimen}} \tag{4-13}$$

其中，$\Delta E_{\text{specimen}}$ 为储存在试样中的能量。研究发现，储存在测试机器中的能量$\Delta E_{machine}$占据总释放弹性能量ΔE的比例为57%。基于公式（4-4），将公式（4-13）中的两部分能量$\Delta E_{machine}$和$\Delta E_{specimen}$分别计算由于各自的释放而产生的热。图4-12示意了S3非晶合金在三种不同压缩应变速率下，源自储存在测试机器中能量的释放而产生的最大剪切温升$(\Delta T_{machine})_{max}$，和源自储存在试样中能量的释放而产生的最大剪切温升$(\Delta T_{specimen})_{max}$。因为本章采用的测试机器的刚度为$k_m = 6.9\times10^7$ N/m，小于试样的刚度$k_s = 8.8\times10^7$ N/s。任一应变速率下，$(\Delta T_{machine})_{max} \approx 1.3(\Delta T_{specimen})_{max}$。

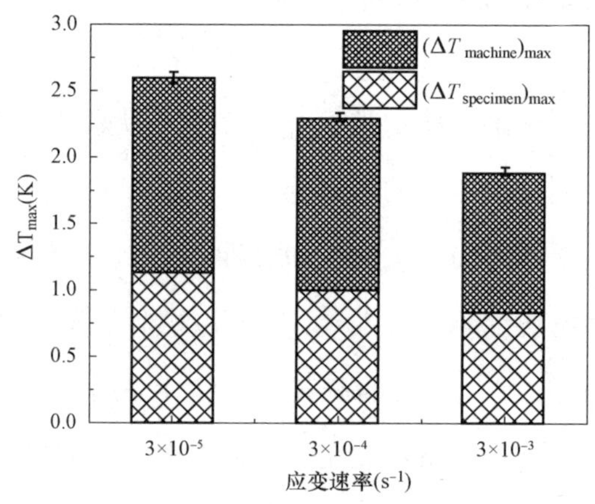

图4-12　S3非晶合金在三种应变速率下的柱状图，上面部分：源自储存在测试机器中能量的释放产生的最大剪切温升$(\Delta T_{machine})_{max}$，下面部分：源自储存在试样中能量的释放产生的最大剪切温升$(\Delta T_{specimen})_{max}$

若本章借用Han等人的试验机（试验机刚度范围2.28×10^7～1.59×10^8 N/m）在三种应变速率（3×10^{-5} s^{-1}、3×10^{-4} s^{-1}和3×10^{-3} s^{-1}）下压缩S3非晶合金。由于在3×10^{-5} s^{-1}的应变速率下，锯齿应力降或载荷降幅值最大（如第4.2节所述），储存在测试系统中的总能量ΔE最多，其中储存在试样中的能量为1.38×10^{-2} J。根据公式（4-13），可以得到储存在Han等人试验机内的能量范围为0.76×10^{-2}～5.31×10^{-2} J，则再根据公式（4-4）和公式（4-5），可估算由于储存在试验机中能量的释放产生的最大剪切温升范围为0.66～4.62 K。

4.5.3　测试温度对剪切温升的影响

锯齿流变并不是非晶合金室温准静态压缩独有的性质，Klaumünzer 等人研究了 $Zr_{52.5}Ti_5Cu_{17.9}Ni_{14.6}Al_{10}$ 非晶合金在测试温度范围为 173～323 K 内的锯齿流变特征参数，包括应力降幅值 S、位移突进 Δu 和应力降的持续时间 δ_t[56,92,133]。在研究的温度范围内，位移突进 Δu 的大小基本不变[92]。然而，随着测试温度从 323 K 降低到 213 K，应力降的持续时间 δ_t 从 1 ms 延长到 400 ms[133]。当测试温度低到 173 K 时，应力降的持续时间 δ_t 可以长至几秒[92]。

基于上述锯齿流变的特征参数，本章估算了 $Zr_{52.5}Ti_5Cu_{17.9}Ni_{14.6}Al_{10}$ 非晶合金在测试温度范围为 223～323 K 内的剪切带温升，释放弹性能量 ΔE 可由公式（4-14）计算：

$$\Delta E = F_{\text{yield}} u_{\text{total}} \tag{4-14}$$

F_{yield} 为宏观屈服点时的载荷值。Maass 等人认为剪切台阶 u_{total} 的计算为[117]：

$$u_{\text{total}} = u_s + u_m = \Delta F(c_s + c_m) = \Delta F c_s + \Delta u \tag{4-15}$$

其中，u_s 和 u_m 分别为试样的弹性回复和测量的位移突进，$c_s = 1/k_s$ 和 $c_m = 1/k_m$ 分别为试样的柔度和测试机器的柔度，ΔF 为锯齿载荷降。公式（4-4）、公式（4-5）、公式（4-14）和公式（4-15）的联立可以估算 $Zr_{52.5}Ti_5Cu_{17.9}Ni_{14.6}Al_{10}$ 非晶合金在 223～323 K 测试温度范围内的锯齿流变过程中的剪切带温升。

对于直径为 3 mm 的 $Zr_{52.5}Ti_5Cu_{17.9}Ni_{14.6}Al_{10}$ 非晶合金[4,56]，其体密度 $\rho = 6.73\ \text{g/cm}^3$，热扩散系数 $\xi = 3\times10^{-6}\ \text{m}^2/\text{s}$，比热 $C_p = 0.33$ J/gK，因此热传导率 $K = \rho\xi C_p = 6.66$ J/Kms；此外试样的柔度 $c_s = 7.3\times10^{-9}$ m/N，剪切带的面积 $A' = \sqrt{2}A = 9.9\ \text{mm}^2$。Klaumünzer 等人的测试结果表明，$Zr_{52.5}Ti_5Cu_{17.9}Ni_{14.6}Al_{10}$

非晶合金的屈服应力σ_{yield}对测试温度（在 223～323 K 测试温度范围内）不敏感[92]，屈服应力$\sigma_{yield} \approx 1.9$ GPa[92]，所以宏观屈服点对应的载荷$F_{yield} = \sigma_{yield} A = 1.34 \times 10^4$ N。

将估算得到的 $Zr_{52.5}Ti_5Cu_{17.9}Ni_{14.6}Al_{10}$ 非晶合金在 233～323 K 测试温度范围内的以及 S3 非晶合金在三种不同应变速率下室温压缩的最大剪切温升ΔT_{max}汇总，如图 4-13 所示。就 $Zr_{52.5}Ti_5Cu_{17.9}Ni_{14.6}Al_{10}$ 非晶合金而言，在较低温度 233 K 下，应力降的平均幅值$\Delta\sigma$为 19 MPa，于是载荷降的平均值为$\Delta F = \Delta\sigma A = 134.2$ N，锯齿载荷降的持续时间δ_t是 400 ms，位移突进的平均值$\Delta u = 1.5$ μm，最终根据公式（4-4）、公式（4-5）、公式（4-12）和公式（4-13），得到在 233 K 测试温度下的剪切带最大温升$\Delta T_{max} = 1.3$ K；在较高温度 323 K 下，$\Delta\sigma = 25$ MPa，$\delta_t = 1$ ms，$\Delta u = 1.2$ μm，所以估算得到最大剪切带温升$\Delta T_{max} = 13$ K。随着测试温度的增加，$Zr_{52.5}Ti_5Cu_{17.9}Ni_{14.6}Al_{10}$ 非晶合金的最大剪切温升逐渐增大。但总之，结果表明，在 233～323 K 的测试温度范围内，任一应变速率下由于剪切引入的热是微小的。

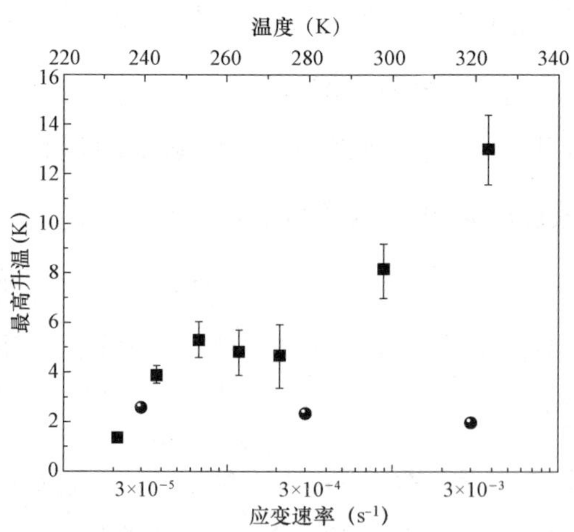

图 4-13　方形数据点：$Zr_{52.5}Ti_5Cu_{17.9}Ni_{14.6}Al_{10}$ 非晶合金在 233～323 K 测试温度范围内的最大剪切升，球状据点：S3 非晶合金在三种不同应变速率下室温压缩的最大剪切温升

4.6 本章小结

基于 $Zr_{62}Cu_{15.5}Ni_{12.5}Al_{10}$（S3）非晶合金在 $3\times10^{-5}\ s^{-1}$、$3\times10^{-4}\ s^{-1}$ 和 $3\times10^{-3}\ s^{-1}$ 三种应变速率下的室温压缩测试，借助锯齿流变特征参数，本章对三种应变速率下的 B 阶段大锯齿流变过程中的剪切带最大温升进行了介绍。

（1）锯齿载荷降过程中总的释放弹性能量和锯齿载荷降耗散时间是剪切带温升计算的两个关键参数。整个测试系统被视为由试验机和非晶合金试样串联而成，因而总的释放弹性能量是储存在试验机中的能量和储存在试样中的能量的加和。研究发现，随着应变速率的增加，锯齿载荷降过程中总的释放弹性能量逐渐减小。锯齿载荷降耗散时间与剪切带滑移时间同步。任一应变速率下，B 阶段大锯齿载荷降耗散时间均为几十毫秒。

（2）剪切带扩展机制的选取影响剪切带温升的计算结果。在平均场理论的指导下，对于 B 阶段的大锯齿事件，许多弱点多次滑移，符合平均场理论模型预测的剪切带同时扩展机制。因此，任一应变速率下，B 阶段大锯齿流变过程中剪切带同时扩展。

（3）基于 B 阶段大锯齿流变过程中剪切带同时扩展，且借助释放弹性能量和载荷降耗散时间两个关键的锯齿特征参数，本章得出随着应变速率从 $3\times10^{-5}\ s^{-1}$、$3\times10^{-4}\ s^{-1}$ 增加到 $3\times10^{-3}\ s^{-1}$，剪切带的最大温升从 2.6 K、2.3 K 降低到 1.9 K。此外，储存在试验机中的能量部分被剥离出来以考察其对剪切带温升研究的影响，单独加载试验机后测得试验机刚度为 6.9×10^{7} N/m。任一应变速率下，储存在试验机中的能量是储存在试样中的能量的 1.3 倍，因此源自储存在试验机中能量的释放产生的最大剪切温升是源自储存在试样中能量的释放产生的最大温升的 1.3 倍。

S3 非晶合金在三种不同应变速率下 B 阶段大锯齿流变过程中的剪切带温升均小于 3 K，暗示对非晶合金而言，由于剪切引入的热对剪切带不稳定性的影响很小。本章研究结果指出引发剪切带温升争议的关键参数是剪切耗散时间，剪切带滑移时间在毫秒量级，可以排除非晶合金塑性变形过程中剪切带绝热温升的情况。此外，S3 非晶合金在三种不同应变速率下的温和剪切温升，指明了非晶合金结构研究对塑性流变机理理解的重要性，也是本书第 5 章介绍的核心内容。

第5章 非晶合金锯齿流变隐藏的结构信息

5.1 激活能

基于经典的自由体积理论和剪切转变理论，可以通过成分设计改变材料的泊松比，或通过微合金化引入较多的自由体积和剪切转变区，由此触发多重剪切带的形成，进而获得较好的室温压缩塑性。锯齿流变行为揭示剪切带过程，非晶合金锯齿流变看似杂乱无章，却有着统计分析的特征规律，隐藏在规律背后的结构信息引起科研工作者的广泛关注。

5.1.1 有效激活能

剪切带速率的大小被定义为锯齿流变应力下降过程中应变突进与应力降耗散时间的比值 v_{SB}。Klaumünzer、Maass、DallaTorre 和 Löffler 等人研究了不同非晶合金体系在不同测试温度下的剪切带动力学，并描绘出了剪切带速率 v_{SB} 随测试温度倒数 $1/T$ 的变化图谱[133,134]，如图 5-1 所示。

有趣的结果是，随着测试温度的降低，锯齿流变出现了从有（Serrated flow）到无（Non-serrated flow）的转变。当剪切带速度 v_{SB} 大于试验机的测试十字头速度 v_{XH} 时，锯齿流变事件出现。当二者相等时，开始向无锯齿转变。当剪切带速率比测试机的测试十字头速率慢时，测量的剪切速度 v_{SB} 总是等于测试十字头速度 v_{XH} 。因此，就某一合金而言，锯齿消失的转变温度 T_{crit} 对测试十字头速度 v_{XH} 非常敏感。

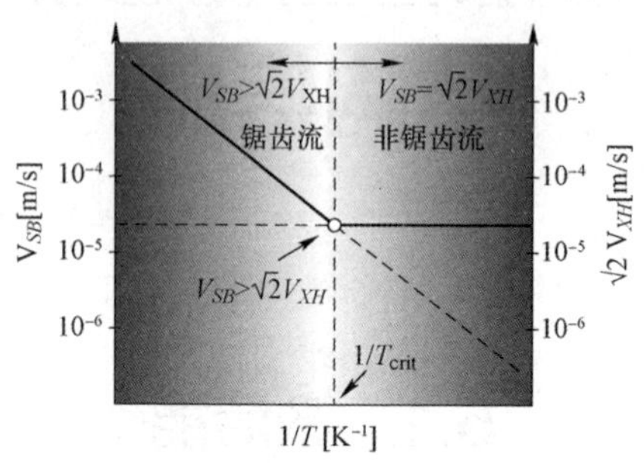

图 5-1 剪切带速率随温度倒数的变化示意图[134]

基于图 5-1，可以获得有效激活能 E_{eff} ，该结构参数可以衡量阻碍剪切的能力。在同一测试温度下，非晶合金的有效激活能 E_{eff} 的值越大，表明剪切带过程越慢，剪切带不易快速滑移，具有较好的塑性变形能力。图 5-2 展示了 $Zr_xCu_{90-x}Al_{10}$ 非晶合金体系剪切带速率与测试温度倒数的变化图谱。在同样的测试温度（如测试温度的倒数 $1/T$ 为 0.004 2 K^{-1}）下，富 Zr 原子（Zr 原子百分比为 65%）的非晶合金剪切带速率最低，说明该富 Zr 非晶合金剪切带动力学较为稳定，能够产生较大的塑性应变。此外，基于图 5-2，科研工作者计算了 $Zr_xCu_{90-x}Al_{10}$ 非晶合金系的有效激活能 E_{eff} ，分布在 0.26～0.35 eV 范围内，且 E_{eff} 值与 Zr 原子含量呈现出正相关性。

如图 5-3 所示， E_{eff} 可以衡量原子的扩散跳跃能垒。通过研究非晶合金 $Zr_xCu_{90-x}Al_{10}$ 的原子尺寸及最理想价键合成特征，得到 Cu 原子扩散速度最快。其次，需要研究 Cu 原子价键环境，因为原子间键合能及中心原子的大小决定（尺寸较大的原子有着大的配位数）原子间键合稳定性。基于有效团簇密排模型，研究得出：Cu 原子的原子尺寸最小，其周围被较少量的原子包围；随着 $Zr_xCu_{90-x}Al_{10}$ 体系成分的变化，Cu 原子周围的键合效应也随之变

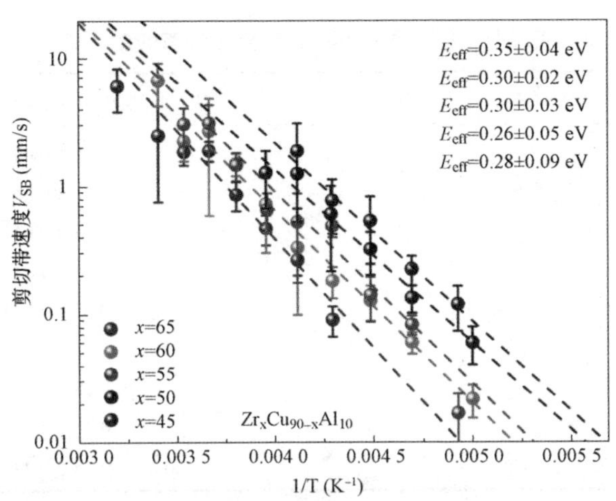

图 5-2　$Zr_xCu_{90-x}Al_{10}$ 非晶合金系剪切带速率对测试温度倒数响应图谱

化。具体而言，随着 Zr 原子含量的增加，更多的 Cu-Cu 键转变为 Cu-Zr 键。混合焓和生成热分析指出，Cu-Zr 键强于 Cu-Cu 键，说明 Zr 原子含量较少的非晶合金中，Cu 的浅层迁移能垒较低；反过来说，富 Zr 的 $Zr_xCu_{90-x}Al_{10}$（x=65）非晶合金弛豫快，因而增加了剪切扩展阻力，这与图 5-2 的结果一致，说明有效激活能 E_{eff} 可以解码非晶合金的化学和拓扑结构信息。进一步的研究发现，富 Zr 的 $Zr_xCu_{90-x}Al_{10}$（x=65）非晶合金有着较小的剪切模量，说明低剪切模量与缓慢剪切动力学相关。低剪切模量的非晶合金常常有着较好的韧性，由此有效激活能 E_{eff} 可以被视为判断非晶合金韧性的一种结构参数。表 5.1 总结了现有报道的各种非晶合金体系的有效激活能。

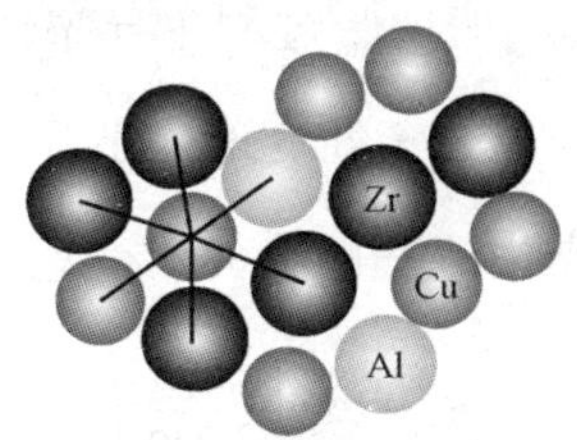

图 5-3　三元非晶合金中 Cu 原子价键环境示意图[134,135]

表 5.1　现有报道多种非晶合金的有效激活能

非晶合金成分	有效激活能 E_{eff}（eV）
$Co_{78}B_{12}Si_{10}$	0.48±0.05
$Ni_{70}Fe_8B_{12}Si_{10}$	0.46±0.05
$Zr_{65}Cu_{15}Ni_{10}Al_{10}$	0.37±0.04
$Zr_{65}Cu_{25}Al_{10}$	0.35±0.03
$Zr_{52.5}Cu_{17.9}Ni_{14.6}Al_{10}Ti_5$	0.32±0.00
$Zr_{60}Cu_{30}Al_{10}$	0.32±0.03
$Zr_{55}Cu_{35}Al_{10}$	0.28±0.02
$Zr_{50}Cu_{40}Al_{10}$	0.26±0.05
$Zr_{45}Cu_{45}Al_{10}$	0.28±0.09

5.1.2　锯齿激活能

从结构上讲，非晶合金的塑性变形是由微观剪切塑性流变所引入的剪切带调控的。局域材料体积膨胀引发的微孔洞往往导致非晶合金的脆性断裂。因此，剪切塑性流变和体积膨胀（或开裂）两种形变机制的竞争决定了非晶合金的本征韧脆性。泊松比ν已被视为衡量非晶合金本征韧脆性的一个重要参数[4,30]。本征韧性的非晶合金有着较大的泊松比ν，剪切带过程主导塑性变形；而本征脆性的非晶合金有着较小的泊松比ν，压缩后成为碎渣，开裂倾向大。已有研究提出了两个重要的临界泊松比ν_1=0.339和ν_2=0.382，由此非晶合金被划分为三类：当$\nu<\nu_1$，非晶合金塑性变形中开裂倾向大，属本征脆性非晶合金；当$\nu>\nu_2$，剪切带过程主导塑性变形，属本征韧性非晶合金；当$\nu_1\leqslant\nu\leqslant\nu_2$，非晶合金的塑性变形处于开裂与剪切带的竞争态[30]。

从热力学上讲，发生锯齿流变的临界应变速率$\dot{\varepsilon}_c$为[21,81,89,94]：

$$\dot{\varepsilon}_c \sim exp\left(-\frac{Q}{kT}\right) \tag{5-1}$$

其中，k是玻尔兹曼常数，T是温度，Q为锯齿激活能。当加载应变速

率 $\dot{\varepsilon}<\dot{\varepsilon}_c$ 的情况下，发生不均匀的剪切变形或明显的锯齿流变。Q 值大说明非晶合金发生剪切变形所需要的能垒高，难以发生宏观塑性变形。Kimura 等人的研究结果报道，Co 基、Ni 基、Pd 基非晶合金的 Q 值分别为 0.48 eV、0.46 eV 和 0.35 eV[95]。Dubach 等人得到 $Zr_{52.5}Ti_5Cu_{17.9}Ni_{14.6}Al_{10}$ 非晶合金的 Q 值为 0.37 eV[21]。

图 5-4 汇总了几种非晶合金锯齿出现的激活能 Q 与泊松比 ν 的值，可以看出，激活能与泊松比反相关，大泊松比且小激活能的非晶合金具备本征韧性，由此可作为非晶合金塑性变形能力的一个判别依据。在本征韧性的非晶合金中，锯齿流变才有出现完全幂律分布的可能性。Pd 基非晶合金的泊松比高，剪切过程稳定，产生大量的小锯齿事件，伴有事件大小的幂律分布规律[96]。对于有着小泊松比的 Co 基非晶合金，塑性变形能力极差，是无法观察到幂律分布规律的。S1 非晶合金的泊松比为 0.377，其落在开裂和剪切过程的竞争区。此外，S1 非晶合金的锯齿激活能为 0.42 eV，剪切过程较为稳定，锯齿流变行为明显。在加载条件合适的情况下（应变速率 $2\times10^{-3}\ s^{-1}$ 下），S1 出现了完全的幂律分布，如图 3-4（c）所示。总结发现，有效激活能 E_{eff} 和锯齿激活能 Q 均在零点几个电子伏特范围内，而且均与非晶合金的塑性变形能力呈现正相关性。

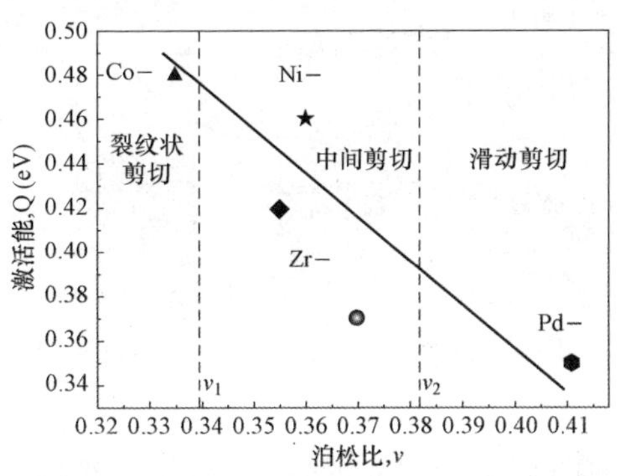

图 5-4　各非晶合金的锯齿出现激活能 Q 与泊松比 ν 的汇总图

非晶合金塑性变形能力源于其不均匀且亚稳态的原子结构特征。动力学弛豫是非晶固体的固有特征之一，促使玻璃系统中各种行为的发生。玻璃材料表现出两种主要的动力学弛豫过程，即主 α 弛豫和二次 β 弛豫[136–143]，如图 5-5（a）所示。如图 5-5（b）所示，α 弛豫在过冷液相区被激活，其与玻璃转变温度密切相关，α 弛豫过程中涉及到大量原子协同重排，从而引发不可逆的塑性流变。β 弛豫也称为 Johari-Goldstein 弛豫，是玻璃态材料最为重要的弛豫模式，与局域原子的协同运动相关。二者相比较，β 弛豫关乎的原子数目少，且其激活能垒小，产生可逆的局域原子变形，激活温度低（约为 0.45 Tg）。Küchemann 和 Maass 的研究报道，非晶合金中还存在 γ 弛豫态，激活温度更低（在 0.26～0.29 Tg 温度范围内）。

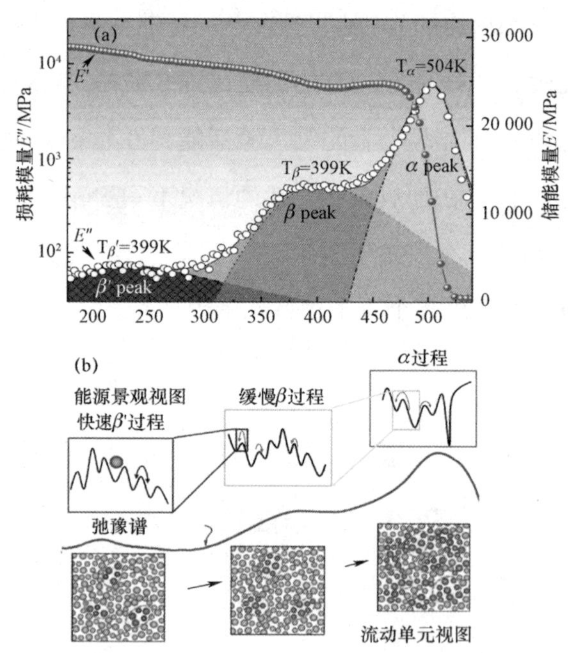

图 5-5 （a）非晶合金的两种动力学弛豫[138]，（b）动力学弛豫过程中结构变化示意图[143]

微观上，非晶合金的变形被认为是由涉及数十或数百个原子的原子区域的塑性重排来调节的，这些原子区域被称为剪切转变区（STZs）。正如在计算机模拟研究或胶体玻璃中观察到的那样，STZ 本质上是一组原子在一个相对松散的填充区域内，经历从一种构型到另一种构型的塑性变形，变化过程中需要越过一个能垒。然而，这样一个看似简单的定义背后隐藏着相当的复杂性，目前关于 STZ 的各种基本问题仍然是有空白。从塑性流变理论上讲，第 1.3.3 章节中 Johnson 和 Samwer 提出的协同剪切模型（cooperative shear model，CSM），最初是旨在阐明非晶合金屈服强度的温度依赖性，但它也被证明可以有效地解释非晶合金的塑性流变特性。在 CSM 中，STZ 激活能垒 W_{STZ} 为[9]：

$$W_{\mathrm{STZ}}=\frac{8}{\pi^{2}}G\gamma_{C}^{2}\xi\,\Omega \tag{5-2}$$

其中，G 是剪切模量，Ω 是单个 STZ 的平均体积，γ_C 是平均弹性极限，$\xi=2\sim4$ 是一个约束因子。基于公式（5-2），Yu 等人计算出了 40 多种非晶合金体系 STZ 激活能垒 W_{STZ} [136,137]，如图 5-6（a）所示。一个重大的发现是，STZ 激活能垒 W_{STZ} 几乎与 β 弛豫激活能 E_β 相等，即 $W_{\mathrm{STZ}}=E_\beta$，这一关系也得到 Rodney 和 Schuh 模拟结果的支持[144]。实际上，W_{STZ} 和 E_β 分别关乎非晶合金的变形和弛豫基本物理过程。

STZ 被视为非晶合金塑性流变的基本单元，其对非晶合金塑性变形能力的影响成为研究重点。如上所述，非晶合金的泊松比 ν 已作为衡量非晶合金本征韧脆性的一个普适参数，其与 STZ 激活能垒 W_{STZ} 的反相关性如图 5-5（b）所示，也就是说，大泊松比暗示非晶合金的本征韧性，对应非晶合金 STZ 的激活能垒 W_{STZ} 较低，容易触发剪切变形[143]。

STZ 激活能垒 W_{STZ} 近乎等于 β 弛豫激活能 E_β 这一结论，启发科研工作者从激活 β 弛豫的角度探索实现非晶合金大塑性变形方法。Yu 等人通过成分调控获取了具有低 β 弛豫激活能的镧基（La-based）非晶合金，该非晶合金展现出显著的拉伸塑性[136]。Di 等人通过低温热循环方法，促使铁基非晶

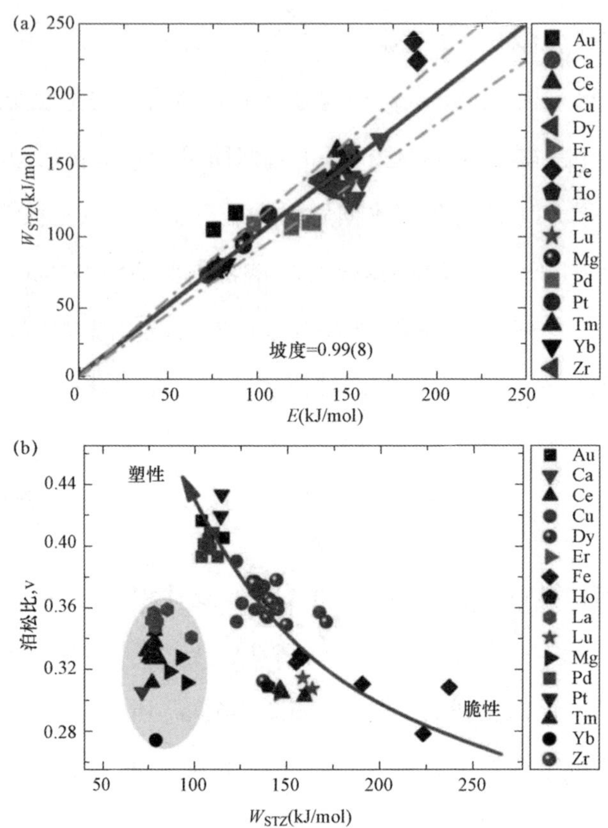

图 5-6 （a）STZ 的激活能垒 W_{STZ} 与 β 弛豫的激活能 E_{β} 关系示意图，（b）STZ 的激活能垒 W_{STZ} 与泊松比 ν 关系示意图[136,137]

合金在测试温度为 643 K 时，发挥了 5.2%的拉伸塑性应变，低温循环处理后的非晶合金有着显著的 β 弛豫峰[139]。此外，最近的分子动力学模拟结果，进一步支撑通过 β 弛豫激活非晶合金不均匀结构的可能性[145]。Guo 等人研究了非晶合金低温热循环（室温到液氮温度）后压缩塑性，30 次循环后的非晶合金压塑塑性应变提高了一倍，弛豫晗的增大暗示低温热循环处理激活了非晶合金结构无序，其 β 弛豫激活能 E_{β} 尚需研究[146,147]。Qiao 等人研究结果指出，非晶合金 β 弛豫激活能 E_{β} 落在 0.6～2.4 eV[147]，如图 5-7 所示。因此，β 弛豫激活能 E_{β} 是有效激活能 E_{eff} 或锯齿激活能 Q 的几十倍左右，该结

果背后的物理机制仍是一个开放问题。

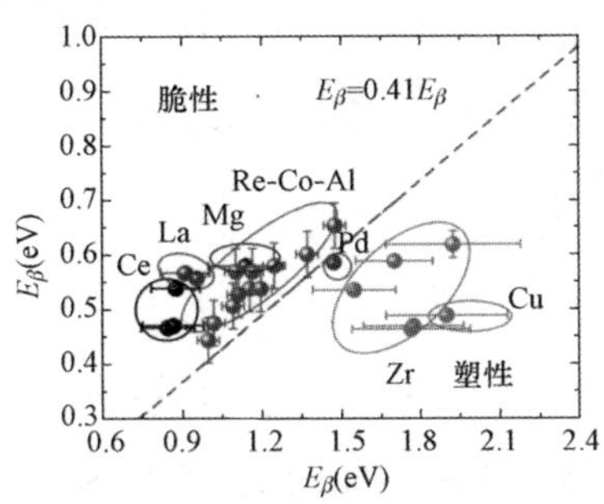

图 5-7　各种非晶合金 β 弛豫激活能 E_β 汇总图[143]

5.2　非晶合金剪切转变区体积

Johnson 和 Samwer 提出的协同剪切模型（cooperative shear model，CSM），报道了屈服剪切应变 τ_{CT}/G 与归一化温度参数 T/T_g 之间存在通用规则[9]，即：

$$\tau_{Y\mathrm{CT}}/G=\gamma_{C0}-\gamma_{C1}(T/T_g)^{2/3} \tag{5-3}$$

其中，$\gamma_{C0}=(0.036\pm0.002)$ 和 $\gamma_{C1}=(0.016\pm0.002)$ 均为拟合参数。实验数据和理论预测之间良好的一致性令人信服，进一步说明非晶合金塑性流变是通过剪切应力激活 STZs 的协同运动发生的[148]。此外，研究发现非晶合金塑性变形能力与 STZ 体积大小相关，二者均表现出成分与温度依赖性。

5.2.1　剪切转变区体积对成分的响应

基于 Johnson 和 Samwer 的协同剪切模型，Pan 等人提出了一种表征非晶合金剪切转变区 STZs 的实验方法。非晶合金塑性变形的本构方程为[149]：

$$\dot{\gamma}=\dot{\gamma}_0\exp(-W^*/kT) \tag{5-4}$$

其中，$\dot{\gamma}$ 为非弹性应变速率，$\dot{\gamma}_0$ 是一个常数，k 是玻尔兹曼常数，T 是温度，τ_C 是非晶合金在在 0 K 温度时的剪切阻力阈值，在有限剪切应力 $0<\tau<\tau_C$ 范围内，STZs 的激活能 W^* 为[149]：

$$W^*=4RG_0\gamma_C^2(1-\tau/\tau_C)^{3/2}\xi\,\Omega \tag{5-5}$$

其中，G_0 是非晶合金在 0 K 温度时的剪切模量，$\gamma_C\approx0.027$ 是平均弹性极限，Ω 是 STZ 体积，$R\approx1/4$ 和 $\xi=2\sim4$ 均为常数。STZs 激活能 W^* 对剪切应力求偏导数，可以得到 STZs 激活体积 Ω 为[149]：

$$\Delta V^*=-(\partial W^*/\partial\tau)_{P,T}=6RG_0\gamma_C^2\xi\,\Omega(1-\tau/\tau_C)^{1/2}/\tau_C \tag{5-6}$$

采用应变速率跳跃实验，可以得到[149]：

$$\Delta V^*=kT(\partial\ln\dot{\gamma}/\partial\tau)_{P,T}=kT(\partial\ln\dot{\gamma}/\partial\ln\tau)_{P,T}/\tau \tag{5-7}$$

定义应变速率敏感度 $m=(\partial\ln\tau/\partial\ln\dot{\gamma})_{P,T}$，于是有[149]：

$$\Delta V^*=\frac{kT}{m\tau} \tag{5-8}$$

将公式（5-8）代入到公式（5-5），可以得到 STZ 体积 Ω [149]：

$$\Omega=\left(\frac{kT}{G_0\gamma_C^2}\right)\frac{1}{6R\xi}\frac{1}{m\left(\dfrac{\tau}{\tau_C}\right)\left(1-\dfrac{\tau}{\tau_c}\right)^{1/2}} \tag{5-9}$$

在纳米压痕硬度测试中，硬度 $H\approx3\sigma_y=3\sqrt{3}\tau_y$，于是公式（5-9）可改写为[149]：

$$\Omega=\frac{kT}{C'mH} \tag{5-10}$$

其中，$C'=\dfrac{2R\xi}{\sqrt{3}}\dfrac{G_0\gamma_C^2}{\tau_c}\left(1-\dfrac{\tau_{CT}}{\tau_C}\right)^{1/2}$，$\tau_{CT}$ 是非晶合金在温度 T 下的剪切阻力阈值，$\tau_C/G_0\approx0.036$。

采用纳米压痕实验，硬度 H 可由公式（5-11）计算得到[149]：

$$H = \frac{P}{Yh_p^2} \tag{5-11}$$

其中，$h_p = h_t - \frac{CP}{\mathrm{d}P/\mathrm{d}h}$，是加载应力为 P 时的压痕深度。h_t 和 $\mathrm{d}P/\mathrm{d}h$ 分别是加载应力为 P 时的总压痕深度和接触刚度。C 和 Y 均是压头形状相关的参数。峰值应力表现出压痕深度和变形时间的弱相关性，若假设等价应变速率 $\dot{\varepsilon} = \frac{1}{h_p}\frac{\mathrm{d}h_p}{\mathrm{d}t}$，则有：

$$P = \frac{\mathrm{d}P}{\mathrm{d}t} = \frac{\mathrm{d}\,(YHh_p^2)}{\mathrm{d}t} = 2YHh_p\frac{\mathrm{d}h_p}{\mathrm{d}t} = 2YHh_p^2\dot{\varepsilon} = 2P\dot{\varepsilon} \tag{5-12}$$

因此，等价应变速率为：

$$\dot{\varepsilon} = \dot{P}/2P \tag{5-13}$$

最终，应变速率敏感度 m 可由硬度与等价应变速率对数的斜率获得，如图 5-8 所示。将 m 代入公式（5-10），可以得出非晶合金剪切转变区 STZ 体积 Ω。

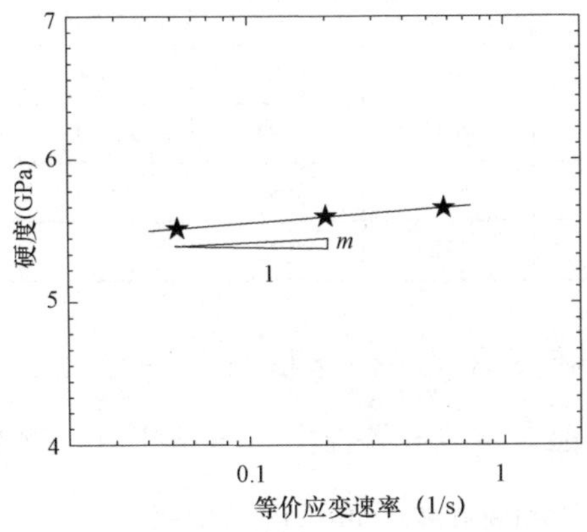

图 5-8　非晶合金纳米压痕硬度与应变速率对数的散点图[149]

在上述理论的指导下，Pan 等人研究了六种非晶合金体系的剪切转变区 STZ 体积 Ω，其值落在 2.5～6.6 nm^3 范围内，见表 5.2。根据非晶合金的硬球密排模型，包含 200～700 个原子的 STZ 的平均原子半径为[149]：

$$R=\left(\sum_{i}^{n}A_i r_i^3\right)^{1/3} \tag{5-14}$$

其中，A_i 和 r_i 分别为每一种元素的原子百分比和原子直径。经典的力学模型指出，非晶合金塑性变形是由 STZ 的形成和协同剪切完成的。基于转变态动力学定律，可以推断当非晶合金受到大于某一临界剪切应力值时，单个 STZ 首先在富自由体积点附近形核，但不发生明显的原子重排；在第一个 STZ 产生的局域应力场和自由体积的帮助下，第二个 STZ 会出现在第一个 STZ 附近，接着第三个 STZ 以类似的方式形成，这些 STZs 聚集而触发剪切带形核。当 STZ 的数目达到某一初始最大值时，剪切带开始扩展，说明非晶合金发生宏观屈服。

表 5.2　成分不同非晶合金的参数汇总表，T_g、ν、m、H 和 Ω，分别代表非晶合金的玻璃转变温度、泊松比、应变速率敏感度、硬度和 STZ 体积[149]

成分（%）	T_g（K）	ν	m	H（GPa）	Ω（nm^3）
$Pd_{40}Ni_{40}P_{20}$	576	0.41	0.006 7	6.58	6.56
$Pt_{57.5}Cu_{14.7}Ni_{5.3}P_{22.5}$	508	0.39	0.008 9	5.08	5.95
$Cu_{60}Hf_{25}Ti_{15}$	740	0.38	0.011	7.13	4.23
$Zr_{55}Cu_{25}Ni_{10}Al_{10}$	630	0.33	0.013	6.01	3.89
$Ni_{53}Nb_{20}Ti_{10}Zr_8Co_6Cu_3$	846	0.33	0.012	10.28	2.81
$Zr_{44}Cu_{44}Al_6Ag_6$	718	0.32	0.021	6.27	2.54

非晶合金剪切转变区 STZ 体积 Ω 与泊松比 ν 之间存在正相关性（图 5-9），指向了非晶合金成分调控主导的韧性与 STZ 体积 Ω 的内在关系。在协同剪切模型中，Johnson 和 Samwer 指出非晶合金平均剪切应变极限约为 0.027，并且剪切带形核实际上源于一组局域 STZs 的协同剪切运动进而触发的宏观屈服。因此，与小体积 STZ 相比，由大体积 STZ 触发剪切带形核所需的 STZ 数目少，更易迎合剪切变形。此外，大体积 STZ 能产生较大的应力集中，从而激发塑性流变。总之，大体积 STZ 能够强化非晶合金的剪

切变形能力，触发多重剪切带的形成，这与大泊松比非晶合金拥有较大剪切变形能力的事实相吻合，说明非晶合金的剪切转变区体积存在成分依赖性，可作为表征非晶合金本征韧脆性的一种结构参数。上述 STZ 体积Ω的计算均基于纳米压痕实验，Liu 等人仅采用动力学分析方法估算了非晶合金流变单元（flowunits）体积，并发现除含有稀土金属的镧基（La-based）非晶合金外，钯基（Pd-based）、锆基（Zr-based）、铜基（Cu-based）非晶合金的流变单元体积与泊松比ν之间存在负相关性。

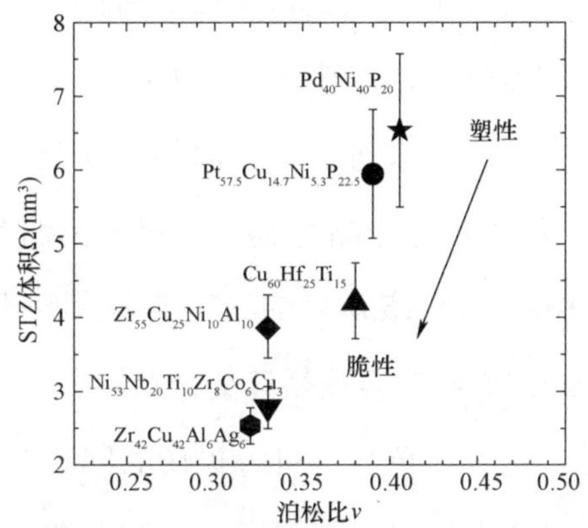

图 5-9　成分不同的非晶合金的剪切转变区 STZ 体积 Ω 与泊松比 ν 之间关系图谱[149]

5.2.2　剪切转变区体积对温度的响应

非晶合金在结构上处于一种亚稳态，会自发地向低能量的平衡有序态转变，削弱非晶合金塑性变形过的稳定性，促使非晶合金老化脆性的出现。研究表明，输入外部能量能提高非晶合金的结构无序度，使其“年轻化”[150–155]。从热力学角度讲，非晶合金的结构无序度可由过剩弛豫焓 ΔH_{rel} 衡量，而 ΔH_{rel} 的测定需要借助差示扫描仪 DSC，具体做法是：首先，根据实验需求，设定升温速率，进而将非晶合金待测样品加热玻璃转变温度 T_g 或晶化温度

T_x以上；其次，将加热后的非晶合金样品以同等的冷速冷却至室温，再进行二次加热；最后，二者差值在一定温度范围内的积分可以推导出过剩弛豫焓ΔH_{rel}[156–167]：

$$\Delta H_{rel} = \int_{RT}^{T_1} \Delta c_p \mathrm{d}T \tag{5-15}$$

其中，$\Delta c_p = c_{p,i} - c_{p,x}$，$c_{p,i}$和$c_{p,x}$分别为非晶合金初始态和弛豫态的比热容，$RT$和$T_1$分别为室温和玻璃转变温度附近的某一温度。过剩弛豫焓ΔH_{rel}表征非晶合金的结构年轻化程度的方法通常是被认可的，过剩弛豫焓ΔH_{rel}值越大，非晶合金结构无序度越大，塑性变形能力越大。

Ketov 等人对镧基非晶合金进行了低温热循环处理（cryogenic thermal cycling，CTC）[152]，具体是将非晶合金试样置于室温和液氮温度之间进行多次循环，研究发现循环处理 15 次后的块体非晶合金弛豫焓ΔH_{rel}达到了最大值，约为 0.62 kJ/mol，说明低温热循环处理可以使非晶合金的无序程度提高，年轻化非晶合金。这种简单且不引入损伤的回春非晶合金结构的方法，及其物理机制的阐释，激发了科研工作者的研究兴趣[151,152]。

Guo 等人将$Zr_{55}Cu_{30}Al_{10}Ni_5$非晶合金低温热循环处理了 30 次[146,147]。与吸铸非晶合金样品的弛豫焓$\Delta H_{rel} = 12.7$ J/g 相比，循环处理后的样品的弛豫焓ΔH_{rel}增大到 14.6 J/g，这说明$Zr_{55}Cu_{30}Al_{10}Ni_5$非晶合金被回春到一种更高无序度。此外，采用纳米压痕实验数据计算得到的剪切转变区 STZ 体积Ω的数值指出，循环处理后的非晶合金的 STZ 体积Ω增大了，自由体积减小了，这些结果共同说明低温循环处理触激活了非晶合金的结构不均匀性，使得剪切转变区的体积增大，少量的 STZ 的激活就可以促使剪切带形核，使得剪切带数目增多，非晶合金的塑性变形能力增大。

在低温热循环方法的启发下，Zhu 等人对添加稀土元素钇的锆基非晶合金$Zr_{55}Al_{10}Ni_5Cu_{29}Y_1$进行了深冷循环处理（deep cryogenic cycling，DTC）[158]，具体实验过程是：首先将非晶合金试样在液氮中静置五分钟，随后将试样置于沸水中静置一分钟，在室温下放置四分钟，整个过程视为一个循环。吸铸的及深冷循环处理 20、40、60 次的四种非晶合金样品被研究，单轴准静态压缩测试结果指出，随着循环处理次数的增加，非晶合金的压缩塑性应变增大，从 0.57%增加到 1.98%。过剩弛豫焓 ΔH_{rel} 随着循环次数的增加而增大，从 0.84 J/g 增加到 2.14 J/g。进一步的剪切转变区 STZ 体积的计算结果指出，STZ 体积 Ω 同样随着循环次数的增加而增大，从 1.283 nm^3 增加到 2.834 nm^3。此外，通过剪切转变区 STZ 体积 Ω 与泊松比 v 之间的关系图谱，如图 5-10 所示，可以得出，深冷循环处理的 $Zr_{55}Al_{10}Ni_5Cu_{29}Y_1$ 非晶合金中存在 STZ 体积 Ω 与泊松比 v 正相关性，二者共同说明深冷循环处理可提高非晶合金的结构无序，能使非晶合金较大程度地发挥塑性变形能力。

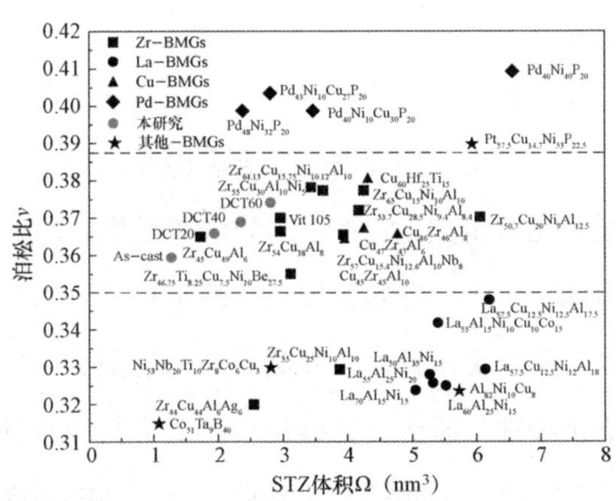

图 5-10　不同成分且深冷循环处理次数不同的非晶合金剪切转变区 STZ 体积 Ω 与泊松比 v 之间关系图谱[158]

低温热循环虽然在回春非晶合金方面是特别有效的，可以激活非晶不均匀结构，但其无序结构是由于施加应力还是温度变化引起的尚需进一步的研究。Shang 等人采用分子动力学手段，定量描述了结构不均匀性对低温热循环处理非晶合金的局域热膨胀影响，最终证实热诱导的内应力可以机械性地激活非晶合金塑性不均匀性[145]。一些机械做功法（通过对非晶合金直接施加有效载荷），包括弹性静加载、传统的冷轧、高压扭转、基于轻气炮冲击技术等[150,151]，可以使非晶合金在外力做功驱动下向高焓无序态转变而实现年轻化，也就是说应力是可以诱导非晶合金结构向无序转变而年轻化非晶合金的。那么，温度变化可以直接引发非晶合金的结构无序化吗？低温热循环与机械做功法的区别在于，低温热循环不会对非晶合金结构造成损伤，所以低温热循环所激发的结构不均性的尺度在哪个水平？未来的工作仍需强化对这些问题的解释。

5.3 非晶合金剪切临界参数

非晶合金失稳断裂源于单一主控剪切带快速扩展。锯齿流变反映剪切带过程，通过锯齿流变性质或参数预测非晶合金的塑性不稳定性，进而采取有效手段预防或延缓非晶合金失效。高时间分辨率采集到的非晶合金锯齿流变数据的分析结果显示，大剪切带以类裂纹方式形核，即当小步滑移达到某一形核尺寸时，剪切带就会快速长大而铺满整个剪切面。这种系统性铺满的大剪切带会产生大锯齿事件，捕捉临界锯齿事件并分析其统计学规律性质，包括事件的大小、耗散时间、事件间的关联性、事件动态速率、事件耗散能量等，可反映非晶合金的结构不均匀特性，揭示剪切带动力学，预测剪切危机，为获取大塑性变形非晶合金提供干涉信号。

5.3.1 断裂阈值

非晶合金锯齿流变不仅出现在准静态压缩塑性变形过程中，也盛行于纳米压痕位移-载荷曲线中，具体可表现为应变突进（pop-in），每一次应变突进在局域剪切应力达到最大值时发生[168,169]，如图 5-11 所示。依据局域剪切应力最大值的统计学分析可以判断非晶合金的断裂阈值 $(\tau_{\max})_C$，研究报道断裂阈值 $(\tau_{\max})_C$ 与锯齿流变中激活体积 V^* 存在负相关性[170]，说明断裂阈值 $(\tau_{\max})_C$ 可反映自由体积含量，进而预判非晶合金塑性变形能力。

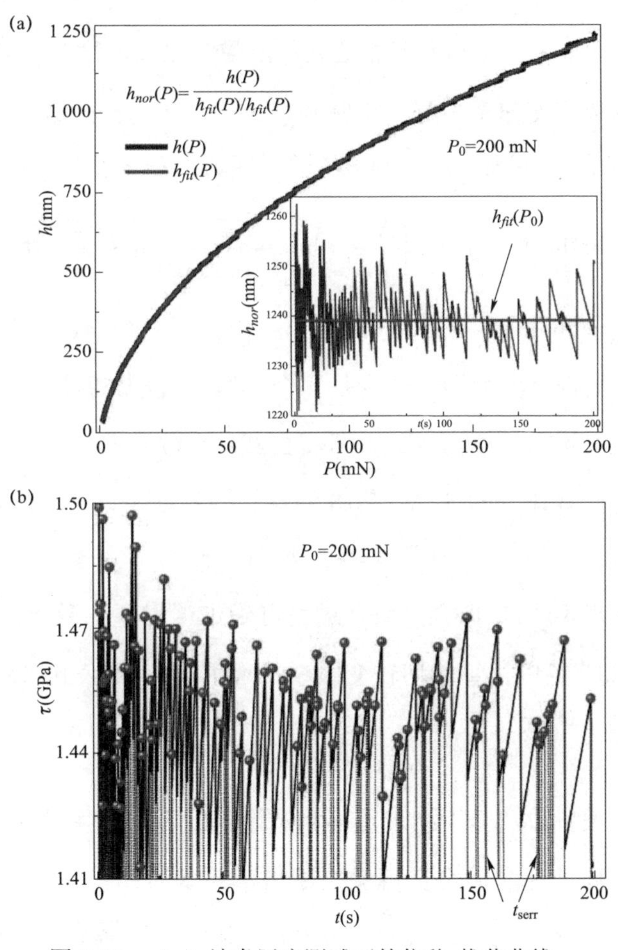

图 5-11　（a）纳米压痕测试下的位移-载荷曲线，
（b）纳米压痕测试下的剪切应力随时间的变化图[168]

锯齿迸发对应的最大剪切应力 $\tau_{\max}$ 与锯齿事件激活体积 V^* 之间的关系

被研究。非晶合金纳米压痕测试中第一个应变突进事件或锯齿事件的出现代表材料的屈服，根据 Schuh 和 Lund 的研究报道[171]，可知非晶合金的屈服强度实际是热和应力协助驱动的结果，因此第一个应变突进事件的补偿累积分布概率为：

$$f = 1 - \exp\left[-\frac{kT\dot{\gamma}_0}{V^*(\mathrm{d}\tau/\mathrm{d}t)}\exp\left(-\frac{\Delta F^*}{kT}\right)\exp\left(\frac{\tau V^*}{kT}\right)\right] \tag{5-16}$$

其中，τ 是剪切应力，k 和 T 依然是玻尔兹曼常数和温度，$\dot{\gamma}_0$ 是尝试频率，$\mathrm{d}\tau/\mathrm{d}t$ 在定加载应变速率下是一个常数，ΔF^* 是亥姆霍兹激活能。锯齿事件激活体积 V^* 可由 $\ln[\ln(1-f)^{-1}]$ 与 τ 的关系图谱的斜率得出，因为：

$$\ln[\ln(1-f)^{-1}] = \left\{\frac{\Delta F^*}{kT} + \ln\left[\frac{kT}{V^*(\mathrm{d}\tau/\mathrm{d}t)}\right]\right\} + \left(\frac{V^*}{kT}\right)\tau \tag{5-17}$$

若 $\tau = \tau_{\max}$，$\ln[\ln(1-f)^{-1}]$ 与 τ 应线性相关，与实验数据有出入，究其原因可能是，非晶合金的弹塑性转变是一个热激活过程，激活体积与局域剪切应力有关，通过引入一个多项式，可将公式（5-17）进行修正，进而解释实验数据的非线性规律，如公式（5-18）：

$$V^*(\tau) = V_0 + V_1\tau + V_2\tau^2 \tag{5-18}$$

其中，V_0、V_1 和 V_2 均是拟合参数，进而可确定锯齿事件激活体积 V^*。锯齿事件激活体积 V^* 可以估算剪切转变区 STZ 体积 Ω，如公式（5-19）：

$$\Omega = \frac{\tau_0}{6R_0G\gamma_C^2\xi(1-\tau/\tau_0)^{1/2}}V^* \tag{5-19}$$

式中的相关参数及基于纳米压痕测试计算的 STZ 体积参见第 5.2.1 节。

低温热循环处理非晶合金可调控锯齿事件激活体积 V^*，可由锯齿迸发对应的最大剪切应力 $\tau_{\max}$ 与锯齿事件激活体积 V^* 的关系表示。Zhang 等人对低温热循环处理 0 次、100 次和 400 次锆基非晶合金（分别记作 UC、CTC100 和 CTC400）的最大剪切应力的补偿累积分布函数进行了分析，如图 5-12 所示，其服从[170]：

$$C(\tau_{max}, V^*) = V^{*a(b-1)} C'(\tau_{max} V^{*a}) \tag{5-20}$$

其中，$C'(\tau_{max} V^{*a})$ 是一个普适函数，a 和 b 均为拟合幂律指数。

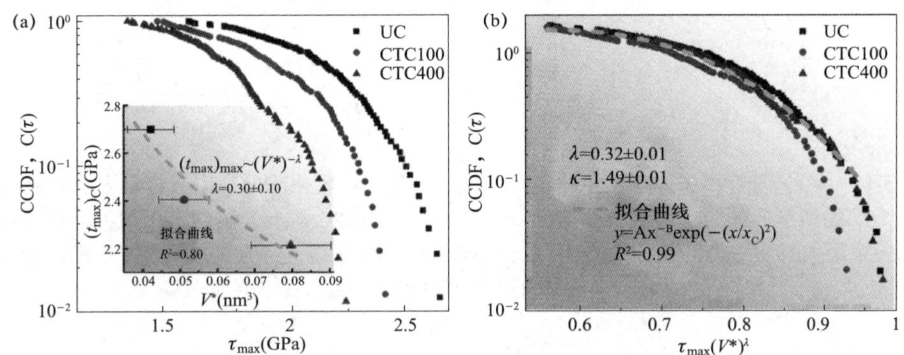

图 5-12　(a)低温热循环处理 0 次、100 次和 400 次(分别记作 UC、CTC100 和 CTC400)的锆基非晶合金最大剪切应力的补偿累计概率密度分布图，插图：最大剪切应力的临界值 $(\tau_{max})_C$ 与激活体积 V^* 之间的关系，(b) 归一化后的普适函数[170]

等离子体辅助氢化法处理非晶合金影响锯齿事件激活体积 V^*。Dong 等人对未等离子体辅助氢化法处理的、等离子体氢化法处理后氢含量为 0.021%和 0.026%的锆基非晶合金(被记作 UC、0.021 wt.%和 0.026 wt.%)的纳米压痕锯齿事件特征参数最大剪切应力进行了研究[161]，并发现随着氢含量的增加，最大剪切应力线性减小，如图 5-13（a）所示，基于公式（5-17）到公式（5-19）的理论指导，UC、0.021 wt.%和 0.026 wt.%三种条件的非晶合金的激活体积 V^* 被计算，分别为（0.028 34 ± 0.000 7）nm^3、（0.031 83 ± 0.001 1）nm^3、（0.043 04 ± 0.001 6）nm^3，呈现出递增的趋势，如图 5-13（b）所示，说明氢含量的增加可以触发非晶合金塑性流变过程中产生尺寸更大的流变单元或剪切转变区，而大尺寸的流变单元或剪切转变区会引起显著的局域应变场和过大的体积膨胀，从而激活二次和三次流变单元，由此导致多重剪切带的产生，为非晶合金大塑性变形提供了可能性。

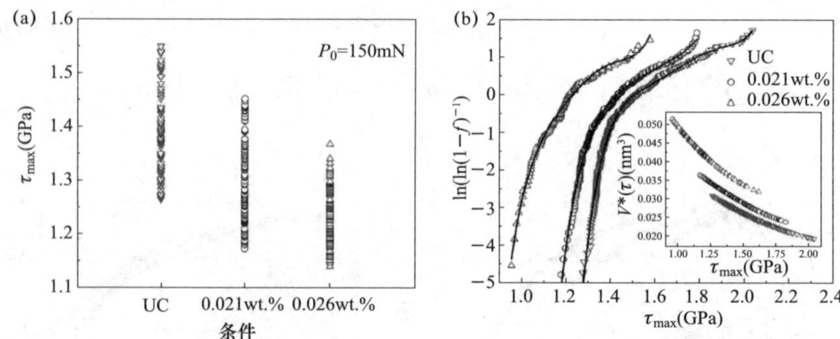

图 5-13 （a）未等离子体辅助氢化法处理的、等离子体氢化法处理后氢含量为 0.021%和 0.026%的锆基非晶合金（被记作 UC、0.021 wt.%和 0.026 wt.%）的纳米压痕锯齿事件特征参数最大剪切应力的统计散点图，（b）$\ln[\ln(1-f)^{-1}]$ 与 τ_{max} 的关系图谱，插图：激活体积 V^* 与最大剪切应力 τ_{max} 的关系图[161]

5.3.2 临界弹性能密度

如第 3 章所述，根据锯齿事件应力增量 $\Delta\sigma_E$ 和应变增量 $\Delta\varepsilon_E$，可以估算单个锯齿的弹性能密度 $\Delta\delta = \Delta\sigma_E \Delta\varepsilon_E / 2$。铜基或镐基非晶合金体系的锯齿特征参数弹性能密度 $\Delta\delta$ 的补偿累积分布密度函数 $P(\geqslant \Delta\delta)$ 被研究，如图 5-14 所示。与第 3 章介绍的锯齿特征参数应力降幅值的补偿累积分布函数走向一致，弹性能密度的补偿累积分布函数同样服从小锯齿事件的幂律分布耦合大锯齿事件的指数衰减形式[19]：

$$P（\geqslant \Delta\delta）= \varpi \Delta\delta^{-\phi} \exp[-(\Delta\delta / \delta_C)^2] \tag{5-21}$$

其中，ϖ 是一个常数，ϕ 是幂律指数，δ_C 是幂律截止弹性能密度。

幂律截止弹性能密度 δ_C，也称临界弹性能密度，关乎剪切带过程。弹性能的释放激活了非晶合金塑性流变事件，即剪切转变区 STZs 重排，因此锯齿流变事件的弹性能被剪切转变区 STZs 原子跳跃重排而消耗。一个 STZ 在两种稳态之间发生剪切重排的激活能垒 W [19]：

$$W = W_g (G / G_g)^2 \tag{5-22}$$

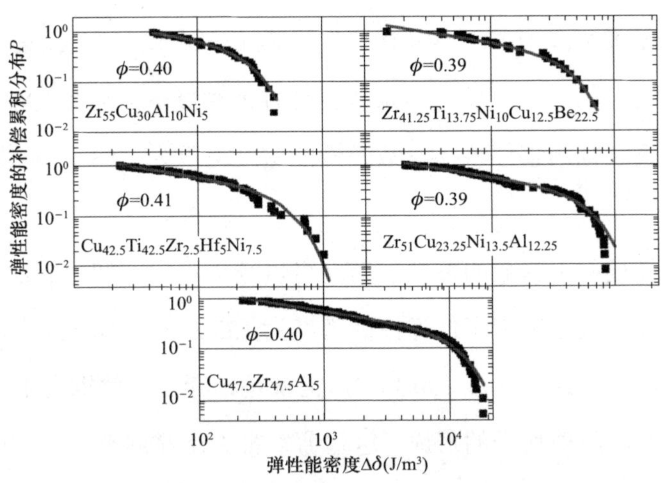

图 5-14　五种成分不同的非晶合金锯齿流变特征参数弹性能密度 $\Delta\delta$ 的补偿累积分布函数 $P(\geqslant\Delta\delta)$ [19]

其中，W_g 和 G_g 分别为非晶合金玻璃转变温度下的流变能垒和剪切模量，G 为室温剪切模量。就大多数的非晶合金而言，W_g 和 G_g 的值分别约为 2.5×10^{-19} J 和 30 GPa，通过超声测量出 $Zr_{51}Cu_{23.25}Ni_{13.5}Al_{12.25}$ 非晶合金室温剪切模量为 34.8 GPa。因此，根据公式（5-22），可以得出 $Zr_{51}Cu_{23.25}Ni_{13.5}Al_{12.25}$ 非晶合金的一个 STZ 室温激活能垒 $W\approx3.4\times10^{-19}$ J。既然一个锯齿事件的弹性能密度用以激活 STZs 的运动，一个锯齿事件所能激活的 STZs 的数目 N 为：

$$N=\Delta\delta/W \tag{5-23}$$

那么，一个锯齿事件激活的剪切带体积 V_{shear}：

$$V_{\text{shear}}=\Omega N=\Omega\Delta\delta/W \tag{5-24}$$

其中，Ω 仍为一个剪切转变区 STZ 的体积。

非晶合金的主剪切带形成能量密度被估算。室温准静态压缩下，非晶合金主剪切面常常沿着与压缩方向成 42°，那么直径为 2 mm 的非晶合金逐渐切面面积 4.7×10^{-6} m²。若剪切层的厚度为 10 nm，主剪切带的体积约为 4.7×10^{13} nm³。如 Pan 等人报道，STZ 有效体积范围为 2.6～6.6 nm³，由此主

剪切带运动要求 7.1×10^{12}～1.9×10^{13} 个 STZs 协同运动，这就需要 2.4×10^{-6}～6.5×10^{-6} J 的能量，对应主剪切带形成的弹性能密度范围应为 190～513 J/m^3，而五种非晶合金锯齿事件特征参数弹性能密度范围为 153～18553 J/m^3，如图 5-14 所示。

锯齿事件过程中释放的弹性能密度可以满足次生剪切带的形成。压缩测试数据结果显示最小锯齿事件弹性能密度为 153 J/m^3，这一数值是低于主剪切带形成所需要的最低能量 190 J/m^3，也就是说存在一些锯齿事件释放的弹性能仅能触发次级剪切带的形成，这些剪切带无法穿通整个剪切面，可由非晶合金试样压缩测试后的剪切带形貌图证实。由此可以推断，一个锯齿事件释放的弹性能密度若为 513 J/m^3（等于主剪切带形成所需的最大弹性能密度），也不一定能够满足主剪切带的形成，毕竟次生剪切带过程也是要耗散能量的。

大锯齿事件释放的弹性能密度（$\gg$513 J/m^3）可供若干剪切带的同时形成和沿剪切面滑移扩展的实现。就大锯齿事件而言，剪切扩展将会激活更多的 STZs，进而产生更大的剪切能密度，伴随有剪切黏流层的产生。一旦剪切黏流层产生，材料的剪切模量会急剧下降，根据剪切转变区 STZ 激活能计算公式（5-2），可知 STZ 的激活能会降低，大量的 STZs 协同运动产生塑性应变。主剪切层发生绝热温所需热量 Γ：

$$\Gamma = Al_t\rho C_p\Delta T \tag{5-25}$$

其中，A 是剪切面面积（～4.7×10^{-6} m^2），ρ 是密度（～6.5×10^{6} g/m^3），l_t 为剪切带厚度（约为 10 nm），C_p 为比热容［～1 J/（Gk）］，ΔT 为绝热温升（～373 K）。于是，估算得到 $\Gamma\approx1.2\times10^{-4}$ J = 9 524 J/m^3，实际绝热温升所需能量高于估算所得值，约等于锯齿事件最大弹性能 18 553 J/m^3。总之，锯齿弹性能密度关乎剪切带过程。

基于上述分析，临界弹性能密度 δ_C 与非晶合金的塑性变形能力之间的正相关性关系被提出。非晶合金的临界密度 δ_C 的值大，暗示绝热剪切层形成所需能量大，非晶合金能够容忍大量的含低弹性能密度的小锯齿事件发生，这些小锯齿事件渐渐地耗散能量而产生微小剪切带，这有利于大塑性变形能力的发挥。反之，非晶合金的临界密度 δ_C 的值越小，绝热剪切层容易形成，锯齿事件稍微大一些就会激活主剪切面的滑移，剪切稳定性降低，容易导致非晶合金的灾难性断裂。当然，这一机理的提出基于绝热温升，而第 4 章系统性的分析结果显示锯齿流变过程中产生的温升仅几个开尔文，远不及玻璃转变温度，似乎与这里的结论矛盾。但是，非晶合金的剪切过程本事一个局域应力和热耦合的过程，剪切热对非晶合金剪切塑性的影响不可忽视。

5.3.3　临界应力降幅值

非晶合金锯齿流变事件大小不一(图 3-3)，说明剪切带的形成形貌不同，如图 5-15 所示，剪切带的形核位置和扩展方向随机，剪切带大小不同，由此产生的剪切位移参差不齐，有如剪切带“A”所示的微小剪切带，其可能形核于试样某一点，并渐进性的逐步扩展至试样中部某一位置；也有如剪切带“B”所示的主剪切带，这种剪切带也可称为成熟剪切带，研究报道该种剪切带可以从试样的一端开始形核，沿着约 45° 的方向扩展传播而铺满整个

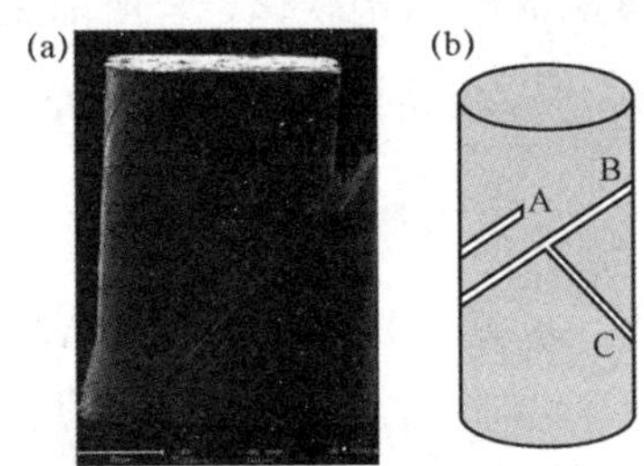

图 5-15　（a）非晶合金剪切带形貌图，（b）剪切带形貌示意图[172]

剪切层面；当然也有如“C”所示的形核于随机一点且传播方向随机的次生剪切带，这种剪切带可能是从主剪切带衍生出来的，这些剪切带的形核或扩展都源于非晶合金服役过程中内部能量的释放。

如第 4 章所述，锯齿流变过程中应力降落源于剪切带扩展，表明非晶合金系统在外加作用力下试样内部集聚的能量得以释放，而释放的能量中绝大部分以热量的形式散失，只有一小部分转换成声、光、电等形式。Qiao 等人建立了非晶合金锯齿流变应力降幅值的预测模型，其中有假设：一、临界应力降对应于主剪切带的扩展过程（上述所描述的其他剪切带形核或扩展传播过程不纳入研究范围），二、主剪切带独立运动，不受周围其他剪切带影响（剪切带之间有时交互作用，并且主剪切带有时能够促发次生剪切带形核扩展，这些情况不在研究范围内）[172]。续接第 5.3.2 节，应变能的累积用弹性能密度 $\Delta\delta$ 来表示，所以，整个样品中集聚的能量为：

$$W = \Delta\delta V \tag{5-26}$$

这里，V 是整个试样的体积。

基于经典的热力学理论，非晶合金样品服役过程中，外部加载力对样品做功，集聚的能量在释放的过程中主要以热的形式释放，若假设 90%做功都转化为热能，那么主剪切带扩展耗能为：

$$W' = 0.9\Delta\delta V \tag{5-27}$$

非晶合金锯齿流变过程中，剪切层黏度会在其内部温度约为 $0.8T_g$ 时骤然下降，于是材料内会有明显的结构软化，若所能承受稳态扩展对应的锯齿流变事件以临界应力降特征参数衡量，那么有热量 H：

$$H = cm\Delta T \tag{5-28}$$

其中，c 为材料的比热容，m 是剪切层的质量，ΔT 为温度变化量，因此有：

$$H = \frac{\pi D^2 h}{4\sin\theta}\rho c\,(0.8T_g - T) \tag{5-29}$$

其中，D 为非晶合金试样的直径，h 为剪切层厚度，θ 是剪切角，ρ 是材料密度。这里，T 是压缩测试温度，约为 298 K。联立公式有：

$$0.9\Delta\delta V = \frac{\pi D^2 h}{4\sin\theta}\rho c\,(0.8T_g - T) \tag{5-30}$$

考虑到试样尺寸的影响，定义试样长径比，$r = l/D$。（l 为试样的高度）。基于经典力学理论，应力降幅值，$\Delta\sigma = E\Delta\varepsilon$，其中，$E$ 和 $\Delta\varepsilon$ 分别是材料的杨氏模量和单个锯齿的应变增量，于是有[172]：

$$\Delta\sigma = \sqrt{\frac{2hE\rho c(0.8T_g - T)}{0.9rD\sin\theta}} \tag{5-31}$$

可见，非晶合金室温临界应力降幅值与剪切层厚度、材料杨氏模量、材料密度、比热容和试样尺寸有关。

非晶合金体系的相关物理参数可以帮助预测其临界应力降幅值，见表 5.3，预测临界应力降幅值与实验研究报道的最大应力降幅值之间的比较如图 5-16 所示，毫米级非晶合金室温准静态压缩测试所得临界应力降幅值在几个到几十个兆帕范围，与预测的理论值相当，所以临界应力降幅值这一参数可以作为预判非晶合金室温压缩塑性变形所能忍耐的最大锯齿事件，也可以为非晶合金塑性流变不稳定预判提供支撑参数。

表 5.3　不同非晶合金体系各物理参数[172]

序号	成分	E（GPa）	ρ（g/cm^3）	c［J/（gK）］	T_g（K）	D（mm）	r
1	$Zr_{52.5}Ti_5Cu_{17.9}Ni_{14.6}Al_{10}$	82	6.81	0.29	688	3	5∶3
2	$Zr_{40}Ti_{14}Cu_{12}Ni_{10}Be_{24}$	101	6.1	0.45	625	2	3∶1
3	$Pd_{40}Ni_{40}P_{20}$	96	9.152	0.29	590	2	3∶1
4	$Zr_{64.13}Cu_{15.75}Ni_{10.12}Al_{10}$	78.41	6.604	0.33	643	2	2∶1
5	$Zr_{52.5}Ti_5Cu_{17.9}Ni_{14.6}Al_{10}$	82	6.81	0.33	688	3	1∶2
6	$Zr_{52.5}Ti_5Cu_{17.9}Ni_{14.6}Al_{10}$	82	6.81	0.33	688	2	1.8∶3
7	$Cu_{46}Zr_{46}Al_8$	93.7	7.08	0.42	701	3	1∶1
8	$Zr_{55}Cu_{30}Ni_5Al_{10}$	104	6.82	0.32	680	2	2∶1

续表

序号	成分	E（GPa）	ρ（g/cm³）	c［J/（gK）］	T_g（K）	D（mm）	r
9	$Zr_{64.13}Cu_{15.75}Ni_{10.12}Al_{10}$	78.41	6.604	0.33	643	2	2∶1
10	$Zr_{41.25}Ti_{13.75}Cu_{12.5}Ni_{10}Be_{22.5}$	01	6.1	0.45	625	2	2∶1
11	$Au_{49}Ag_{5.5}Pd_{2.3}Cu_{26.9}Si_{16.3}$	74.4	13.44	0.32	401	0.002	2∶1
12	$Mg_{58}Nd_5Cu_{31}Y_6$	56	4.392	0.62	400	0.008 5	15.7∶8.5
13	$Zr_{41.25}Ti_{13.75}Cu_{12.5}Ni_{10}Be_{22.5}$	101	6.1	0.45	625	0.003	7.5∶3
14	$Zr_{41.25}Ti_{13.75}Cu_{12.5}Ni_{10}Be_{22.5}$	101	6.1	0.45	625	0.001	2.5∶1

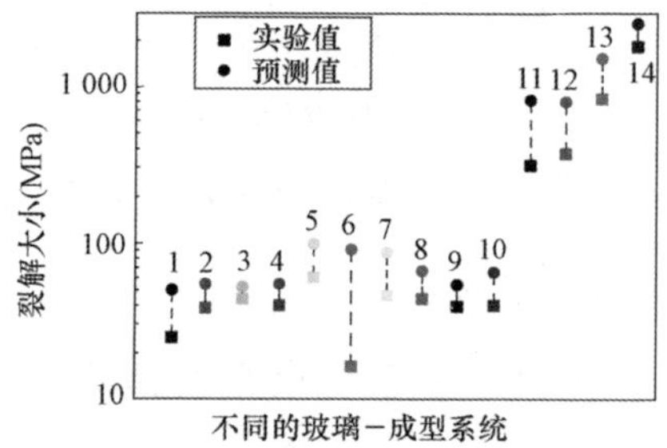

图 5-16　不同非晶合金体系临界应力降幅值的模型预测值与实验数据值的散点图[172]

临界应力降幅值受加载应变速率调控。平均场理论预测最大应力降幅值 $S_{\max}$ 与应变速率 $\dot{\varepsilon}$ 之间服从幂律关系，即 $S_{\max}\sim\dot{\varepsilon}^{-\lambda}$，实验数据同样验证了这一规律，如图 5-17 所示。经过比较发现，基于公式（5-31）预测的临界应力降幅值与应变速率为 $5\times10^{-5}\ \mathrm{s}^{-1}$ 的最大应力降幅值相当，因为低应变速率允许锯齿应力降事件发展完全。再根据 $S_{\max}\sim\dot{\varepsilon}^{-\lambda}$ 这一幂律关系，可以预估某一准静态压缩应变速率下的临界应力降幅值。Long 等人提出基于临界应力降幅值或幂律截止应力降幅值可以探索大塑性变形的方向，可以增加非晶合金的临界应力降幅值，可以通过方法手段使所有锯齿幅值远小于临界应力降幅值，也可以降低非晶合金样品尺寸使其小于剪切带尺寸[173]。

此外，非晶合金的临界应力降幅值存在尺寸效应[174–179]。高径比分别为 3∶1、2∶1、1∶1 和 1∶2 的锆基非晶合金压缩塑性流变特征被研究，发现

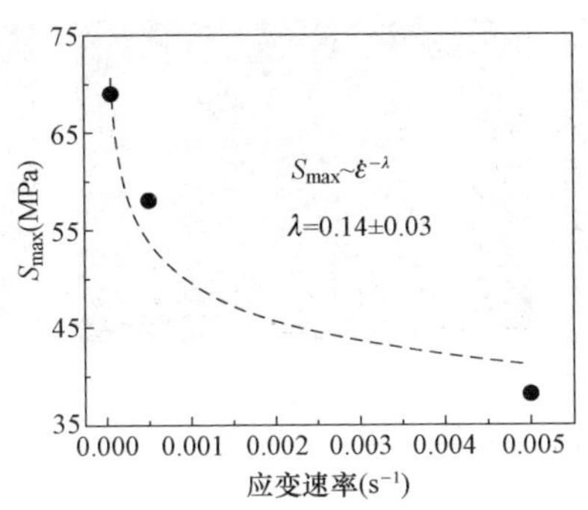

图 5-17 镐基非晶合金临界应力降幅值 S_{max} 与应变速率 $\dot{\varepsilon}$ 之间的幂律关系

随着试样高径比的减小，直径为 2 mm 的镐基非晶合金出现了两个重要的转变：当试样的高径比减小到 1∶1 时，非晶合金发生了由脆向韧的转变；当试样的高径比进一步减小到 1∶2 时，非晶合金呈现出由单一主剪切带向多重主剪切带转变的形貌，与其他三种情况相比，高径比为 1∶2 的试样的锯齿流变动力学表现出不同的特征。这两个转变的出现暗示非晶合金的塑性流变机理存在尺寸效应[36,38,180]，涉及到的关键的高径比有 2∶1、1∶1 和 1∶2。尺寸效应的另一个重要表现是锯齿流变的临界值（以最大应力降幅值 S_{max} 为衡量参数）与试样的尺寸大小（以最大剪切面面积 A_{max} 为衡量）直接相关。

当试样的高径比减小至 1∶1 及以下时，主剪切面的形状发生了变化。为了精确地计算不同高径比试样的最大剪切面面积 A_{max}，直径为 3 mm 的非晶合金（与直径为 2 mm 的试样相比较，在试样实际高度与设计高度的尺寸误差相同的情况下，直径为 3 mm 的试样受尺寸误差的影响较小）被重点研究。此外，为了系统地研究锯齿流变的临界值与试样尺寸之间的定量关系，三种高径比（1∶1、2∶3 和 1∶2）的 3 mm 直径的 Vit105 非晶合金被压缩。图 5-18 是三种高径比的试样的扫描图，与 2 mm 直径的试样如出一辙，在高径比为 1∶1 时，3 mm 直径的非晶合金中单一主剪切带主导塑性变形的特征明显；在高径比为 2∶3 和 1∶2 时，3 mm 直径的 Vit105 非晶合金中出现多重主剪切带的形貌。

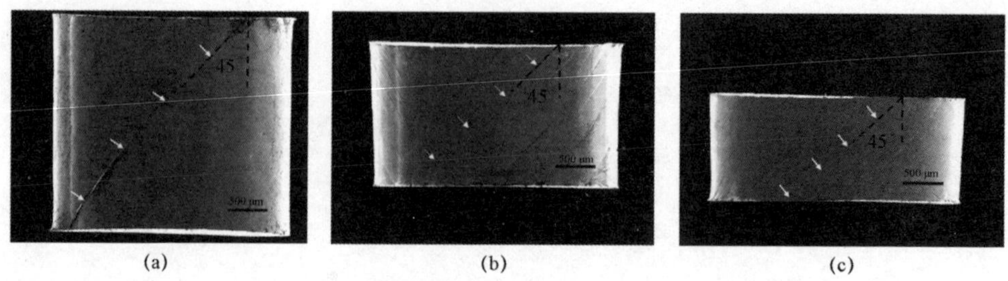

图 5-18 剪切带扫描图（a）高径比为 1∶1，（b）高径比为 2∶3，（c）高径比为 1∶2

当高径比为 1∶1、2∶3 和 1∶2 时，主剪切带开启于试样的两端面，因此主剪切面的形状如图 5-19 中由实线围成的区域。高径比为 1∶1 时，最大剪切面即为图 5-18（a）的平行箭头所指的主剪切面；高径比为 2∶3 和 1∶2 时，多重主剪切带平行排列，以图 5-18（b）和 5-18（c）平行箭头指示的剪切带为最大剪切面。实际上，图 5-19 中实线围成的区域面积可近似为两个梯形的面积和（图 5-19 中的虚线所围区域）。于是，最大剪切面面积 $A_{\max}$ 的计算需要测量参数有，两边长 L_1 和 L_2，两高度 H_1 和 H_2，$L_{\varnothing}$ 依然是试样横截面的直径：

$$A_{\max} = (L_1 + L_{\phi})H_1 / 2 + (L_{\phi} + L_2)H_2 / 2 \tag{5-32}$$

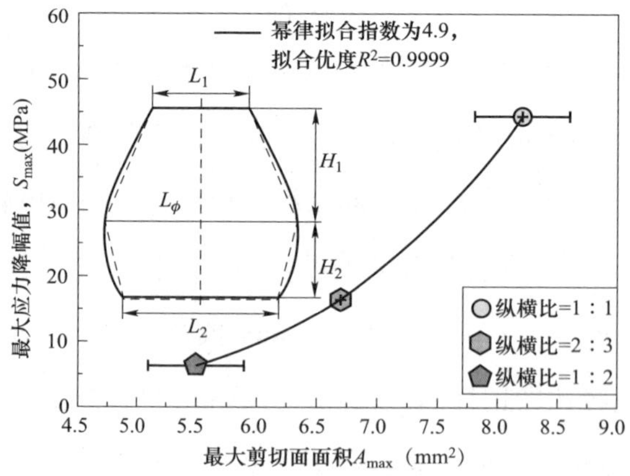

图 5-19 主图：三种高径比下（1∶1、2∶3 和 1∶2）的 3 mm 直径的 Vit105 非晶合金的最大应力降幅值与最大主剪切面面积，插图：主剪切面形状示意图

表 5.4　三种高径比下（1∶1、2∶3 和 1∶2）的 3 mm 直径的锆非晶合金的最大应力降幅值和最大主剪切面面积

高径比	最大应力降幅值，S_{max}（MPa）	最大剪切面面积，A_{max}（mm^2）
1∶1	44.5 ± 0.1	8.2 ± 0.4
2∶3	16.6 ± 0.2	6.7 ± 0.1
1∶2	6.5 ± 1.4	5.5 ± 0.4

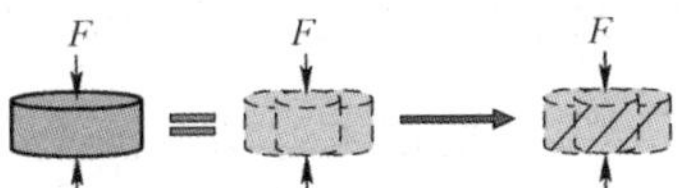

图 5-20　高径比为 1∶2 的非晶合金试样多重剪切带形成示意图

根据公式（5-30），表 5.4 列出了直径为 3 mm 的各高径比的 Vit105 非晶合金的最大剪切面的面积 A_{max}。与最大应力降幅值 S_{max} 的变化趋势一致（表 5.4），随着试样高径比的减小，最大剪切面的面积 A_{max} 逐渐减小。图 5-19 是各高径比下的非晶合金的最大应力降幅值 S_{max} 与最大剪切面的面积 A_{max} 的汇总图。最大应力降幅值 S_{max} 随最大剪切面面积 A_{max} 幂律增加（见拟合线），拟合的幂律指数为 4.9。高达 0.9999 的拟合度说明，非晶合金锯齿流变的临界值与试样的尺寸大小直接相关，即存在尺寸效应。高径比为 2∶1 的非晶试样的剪切面形状近似椭圆，剪切面面积最大，因此具有最大的应力降幅值；随着高径比减小至 1∶1 及以下时，最大剪切面的形状近似为两个梯形的和，最大剪切面面积随试样高径比的减小而减小，最大应力降幅值也逐渐减小。

实际上，高径比为 2∶3 和 1∶2 的试样中多重主剪切带的出现也是尺寸效应的一种体现。以高径比为 1∶2 的试样为例，如图 5-20 所示，若左图中试样的直径为 2 mm，高度为 1 mm，该试样可以被看作由若干有着 1 mm 高度且 1 mm 直径的（即高径比为 1∶1）小试样无缝链接而成（见中间示意图）。于是在缓慢压缩的作用力 F 下，这些小试样会像图 5-18（a）那样形成单一的主剪切带，若干单一的主剪切带的形成产生了多重主剪切带平行排列的形貌特征（见右图），这与高径比为 2∶3 和 1∶2 的剪切带的扫描图特征一致，如图 5-18（b）和 5-18（c）所示。显然，图 5-20 示意在试样的横截面直径一定的条件下，主剪切面面积在随试样高径比的减小而减小。

总之，就高径比为 2∶1、1∶1 和 1∶2 的非晶合金而言，随着试样的高径比减小，最大剪切面的面积减小，最大应力降幅值 S_{max} 随之减小。当试样的高径比为 2∶1 时，单一主剪切带主导塑性流变，主剪切面近似椭圆；与其他两种高径比的试样相比较，高径比为 2∶1 的试样的主剪切面面积最大，因而具有最大的临界应力降幅值。当试样的高径比减小至 1∶1 及以下时，最大剪切面近似为两个梯形的加和，最大应力降幅值随最大主剪切面的面积幂律增加。当试样的高径比从 1∶1 减小到 2∶3、1∶2 时，出现了单一主剪切带向多重主剪切带转变的现象，多重主剪切带的形成可以被认为是多个高径比为 1∶1 的小试样的单一主剪切带的综合效果，因而主剪切面的面积和最大应力降幅值随试样高径比的减小而减小。研究结果说明，非晶合金的锯齿流变的临界值 S_{max} 与试样的最大主剪切面面积正相关。

5.4 本章小结

本章重点阐述了非晶合金锯齿流变事件背后的结构信息，主要包括三方面的内容：① 与非晶合金锯齿流变事件关联的有效激活能和锯齿激活能的研究现状；② 剪切塑性载体如剪切转变区 STZ 激活体积的研究，即其与非晶合金结构不均匀性之间的关系；③ 非晶合金锯齿流变的特征参数，也称非晶合金剪切临界参数，包括断裂阈值、临界弹性能密度和临界应力降幅值。

这三方面的内容彼此依托，具体而言，非晶合金的结构不均匀性可由剪切转变区 STZ 体积来表征，表现出成分和温度的依赖性；非晶合金塑性流变反映结构不均匀性的演变过程，剪切临界参数的研究可以指导结构不均匀性的发展走向，并且可以揭示非晶合金本征物理结构信息，有效激活能垒反映原子价键的结合稳态性，锯齿激活能反映剪切流变的难易程度，这些都与非晶合金的塑性变形稳定性密切相关。

参考文献

［1］Wang W H, Dong C, Shek C H. Bulk metallic glasses[J]. Materials Science and Engineering: R: Reports, 2004, 44(2-3): 45-89.

［2］Wang J F, Li R, Hua N B, et al. Co-based ternary bulk metallic glasses with ultrahigh strength and plasticity[J]. Journal of Materials Research, 2011, 26(16): 2072-2079.

［3］Greer A L, Cheng Y Q, Ma E. Shear bands in metallic glasses[J]. Materials Science and Engineering: R: Reports, 2013, 74(4): 71-132.

［4］Wang W H. The elastic properties, elastic models and elastic perspectives of metallic glasses[J]. Progress in Materials Science, 2012, 57(3): 487-656.

［5］Qiao J W, Jia H L, Liaw P K. Metallic glass matrix composites[J]. Materials Science and Engineering: R: Reports, 2016(100): 1-69.

［6］汪卫华，非晶态物质的本质和特性[J]. 物理学进展，2013，33(5): 177-351.

［7］Speapen F. A microscopic mechanism for steady state inhomogeneous flow in metallic glasses[J]. Acta Metallurgica, 1977(25): 407-415.

［8］Argon A S. Plastic deformation in metallic glasses[J]. Acta Metallurgica, 1978(27): 47-58.

［9］Johnson W L, Samwer K. A universal criterion for plastic yielding of metallic glasses with a(T/Tg)2/3 temperature dependence[J]. Physical

Review Letters, 2005, 95(19): 195501.

[10] Lu Z, Jiao W, Wang W H, et al. Flow unit perspective on room temperature homogeneous plastic deformation in metallic glasses[J]. Physical Review Letters, 2014, 113(4): 45501.

[11] Maass R, Löffler J F. Shear-band dynamics in metallic glasses[J]. Advanced Functional Materials, 2015, 25(16): 2353-2368.

[12] Schroers J, Johnson W L. Ductile bulk metallic glass[J]. Physical Review Letters, 2004, 93(25): 255506.

[13] Wright W J, Liu Y, Gu X J, et al. Experimental evidence for both progressive and simultaneous shear during quasistatic compression of a bulk metallic glass[J]. Journal of Applied Physics, 2016, 119(8): 84908.

[14] Qu R T, Liu Z Q, Wang G, et al. Progressive shear band propagation in metallic glasses under compression[J]. Acta Materialia, 2015(91): 19-33.

[15] Hufnagel T C, Schuh C A, Falk M L. Deformation of metallic glasses: Recent developments in theory, simulations, and experiments[J]. Acta Materialia, 2016(109): 375-393.

[16] Lewandowski J J, Greer A L. Temperature rise at shear bands in metallic glasses[J]. Nature Materials, 2005, 5(1): 15-18.

[17] Georgarakis K, Aljerf M, Li Y, et al. Shear band melting and serrated flow in metallic glasses[J]. Applied Physics Letters, 2008, 93(3): 31907.

[18] Slaughter S K, Kertis F, Deda E, et al. Shear bands in metallic glasses are not necessarily hot[J]. APL Materials, 2014, 2(9): 96110.

[19] Wang G, Chan K C, Xia L, et al. Self-organized intermittent plastic flow in bulk metallic glasses[J]. Acta Materialia, 2009, 57(20): 6146-6155.

[20] Ren J L, Chen C, Wang G, et al. Dynamics of serrated flow in a bulk

metallic glass[J]. AIP Advances, 2011, 1(3): 32158.

[21] Dubach A, Dalla Torre F H, Löffler J F. Deformation kinetics in Zr-based bulk metallic glasses and its dependence on temperature and strain-rate sensitivity[J]. Philosophical Magazine Letters, 2007, 87(9): 695-704.

[22] Jiang W H, Fan G J, Liu F X, et al. Spatiotemporally inhomogeneous plastic flow of a bulk-metallic glass[J]. International Journal of Plasticity, 2008, 24(1): 1-16.

[23] Liu Y H, Wang G, Wang R J, et al. Super plastic bulk metallic glasses at room temperature[J]. Science, 2007(315): 1385-1388.

[24] Mukaia T, Nieh T G, Kawamura Y, et al. Effect of strain rate on compressive behavior of a Pd40Ni40P20 bulk metallic glass[J]. Intermetallics, 2002(10): 1071-1077.

[25] Sun B A, Yu H B, Jiao W, et al. Plasticity of ductile metallic glasses: a self-organized critical state[J]. Physical Review Letters, 2010, 105(3): 35501.

[26] Ma G Z, Sun B A, Pauly S, et al. Effect of Ti substitution on glass-forming ability and mechanical properties of a brittle Cu-Zr-Al bulk metallic glass[J]. Materials Science and Engineering: A, 2013(563): 112-116.

[27] Qu R T, Zhang Z F. Compressive fracture morphology and mechanism of metallic glass[J]. Journal of Applied Physics, 2013, 114(19): 193504.

[28] Thurnheer P, Maass R, Pogatscher S, et al. Compositional dependence of shear-band dynamics in the Zr-Cu-Al bulk metallic glass system[J]. Applied Physics Letters, 2014, 104(10): 101910.

[29] Hu J, Sun B A, Yang Y, et al. Intrinsic versus extrinsic effects on serrated flow of bulk metallic glasses[J]. Intermetallics, 2015(66): 31-39.

［30］ Liu Z Q, Wang W H, Jiang M Q, et al. Intrinsic factor controlling the deformation and ductile-to-brittle transition of metallic glasses[J]. Philosophical Magazine Letters, 2014, 94(10): 658-668.

［31］ Zhang H Y, Zhao Z G, Li J J, et al. Review on abrasive machining technology of SiC ceramic composites[J]. Micromachines, 2024, 15(1): 106.

［32］ Xue Y F, Wang L, Cheng X W, et al. Strain rate dependent plastic mutation in a bulk metallic glass under compression[J]. Materials & Design, 2012(36): 284-288.

［33］ Huang Y J, Shen J, Sun J F. Bulk metallic glasses: Smaller is softer[J]. Applied Physics Letters, 2007, 90(8): 81919.

［34］ Wu F F, Zhang Z F, Shen B L, et al. Size effect on shear fracture and fragmentation of a Fe57. 6Co14. 4B19. 2Si4. 8Nb4 bulk metallic glass[J]. Advanced Engineering Materials, 2008, 10(8): 727-730.

［35］ Han Z, Wu W F, Li Y, et al. An instability index of shear band for plasticity in metallic glasses[J]. Acta Materialia, 2009, 57(5): 1367-1372.

［36］ Yang Y, Liu C T. Size effect on stability of shear-band propagation in bulk metallic glasses: an overview[J]. Journal of Materials Science, 2011, 47(1): 55-67.

［37］ Luo Y S, Li J J, Wang Z, et al. Strain rate-dependent avalanches in bulk metallic glasses[J]. Journal of Alloys and Compounds, 2021, 864: 158107.

［38］ Yuan B, Li J J, Qiao J W. Statistical analysis on strain-rate effects during serrations in a Zr-based bulk metallic glass[J]. Journal of Iron and Steel Research, International, 2017, 24: 455-461.

［39］ Qu R T, Wang S G, Wang X D, et al. Shear band fracture in metallic glass:

Sample size effect[J]. Materials Science and Engineering: A, 2019(739): 377-382.

［40］ Falk M L, Langer J S. Dynamics of viscoplastic deformation in amorphous solids[J]. Physical Review E, 1998, 57(6): 7192-7205.

［41］ Jiang M Q, Meng J X, Gao J B, et al. Fractal in fracture of bulk metallic glass[J]. Intermetallics, 2010(18): 2468-2471.

［42］ Jiang M Q, Ling Z, Meng J X, et al. Energy dissipation in fracture of bulk metallic glasses via inherent competition between local softening and quasi-cleavage[J]. Philosophical Magzaine, 2008(88): 407-426.

［43］ 王峥，汪卫华．非晶合金中的流变单元[J]. Acta Physica Sinica, 2017(66): 76103.

［44］ Wang Z, Ngai K L, Wang W H. Understanding the changes in ductility and Poisson's ratio of metallic glasses during annealing from microscopic dynamics[J]. Journal of Applied Physics, 2015(118): 34901.

［45］ Wang Z, Wen P, Huo S, et al. Signature of viscous flow units in apparent elastic regime of metallic glasses[J]. Applied Physics Letters, 2012(101): 121906.

［46］ Jiang M Q, Dai L H. On the origin of shear banding instability in metallic glasses[J]. Journal of the Mechanics and Physics of Solids, 2009, 57(8): 1267-1292.

［47］ Liu Y Y, Li J J, Wang Z, et al. Prediction of tensile yielding in metallic glass matrix composites[J]. Intermetallics, 2019, 108: 72-76.

［48］ Wright W J, Schwarz R B, Nix W D. Localized heating during serrated plastic flow in bulk metallic glasses[J]. Materials Science and Engineering A, 2001(319-321): 229-232.

［49］ Thurnheer P, Haag F, Löffler J F. Time-resolved measurement of shear-band temperature during serrated flow in a Zr-based metallic glass[J]. Acta Materialia, 2016(115): 468-474.

［50］ Friedman N, Jennings A T, Tsekenis G, et al. Statistics of dislocation slip avalanches in nanosized single crystals show tuned critical behavior predicted by a simple mean field model[J]. Physical Review Letters, 2012, 109(9): 95507.

［51］ Zhang Y, Liu J P, Chen S Y, et al. Serration and noise behaviors in materials[J]. Progress in Materials Science, 2017(90): 358-460.

［52］ Lebyodkin M A, Estrin Y. Multifractal analysis of the Portevin-Le Chatelier effect: General approach and application to AlMg and AlMg/Al_2O_3 alloys[J]. Acta Materialia, 2005, 53(12): 3403-3413.

［53］ Salje E K H, Dahmen K A. Crackling noise in disordered materials[J], Annual Review of Condensed Matter Physics, 2014, 5(1): 233-254.

［54］ Dahmen K A, Ben-Zion Y, Uhl J T. A simple analytic theory for the statistics of avalanches in sheared granular materials[J]. Nature Physics, 2011, 7(7): 554-557.

［55］ Antonaglia J, Wright W J, Gu X J, et al. Bulk metallic glasses deform via slip avalanches[J]. Physical Review Letters, 2014, 112(15): 155501.

［56］ Dalla Torre F H, Klaumünzer D, Maass R, et al. Stick-slip behavior of serrated flow during inhomogeneous deformation of bulk metallic glasses[J]. Acta Materialia, 2010, 58(10): 3742-3750.

［57］ Wang J G, Pan Y, Song S X, et al. How hot is a shear band in a metallic glass?[J]. Materials Science and Engineering: A, 2016(651): 321-331.

［58］ Zreihan N, Faran E, Vives E, et al. Relations between stress drops and acoustic emission measured during mechanical loading[J]. Physical Review Materials, 2019(3): 43603.

[59] Liu Y Y, Liu P Z, Li J J, et al. Universally scaling Hall-Petch-like relationship in metallic glass matrix composites[J]. International Journal of Plasticity, 2018, 105: 225-238.

[60] Lebyodkin M A, Brechet Y, Estrin Y, et al. Statistics of the catastrophic slip events in the Portevin-Le Chatelier effect[J]. Physical Review Letters, 1995, 74(23): 4758-4761.

[61] Yuzbekova D, Mogucheva A, Zhemchuzhnikova D, et al. Effect of microstructure on continuous propagation of the Portevin-Le Chatelier deformation bands[J]. International Journal of Plasticity, 2017(96): 210-226.

[62] Wang Z, Li J J, Ren L W, et al. Serration behavior in Zr-Cu-Al glass-forming systems[J]. Journal of Iron and Steel Research, International, 2016, 23(1): 42-47.

[63] Zhang Y J, Yan C, Li J J, et al. Ordered sulfonated polystyrene particle chains organized through AC electroosmosis as reinforcing phases in Polyacrylamide hydrogels[J]. Journal of Colloid and Interface Science, 2024, 662: 1063-1074.

[64] 乔珺威，李娇娇，王重. 非晶合金中锯齿流变动力学的研究［J］. 中国材料进展，2017，3：200-210.

[65] McFaul L W, Wright W J, Gu X J wt al. Aftershocks in slowly compressed bulk metallic glasses: Experiments and theory[J]. Physical Review E, 2018, 97(6-1): 63005.

[66] LeBlanc M, Nawano A, Wright W J, et al. Avalanche statistics from data

with low time resolution[J]. Physical Review E, 2016, 94(5-1): 52135.

[67] Chen C, Ren J L, Wang G, et al. Scaling behavior and complexity of plastic deformation for a bulk metallic glass at cryogenic temperatures[J]. Physical Review E, 2015, 92(1): 12113.

[68] Song S X, Nieh T G. Flow serration and shear-band viscosity during inhomogeneous deformation of a Zr-based bulk metallic glass[J]. Intermetallics, 2009(17): 762-767.

[69] Song S X, Wang X L, Nieh T G. Capturing shear band propagation in a Zr-based metallic glass using a high-speed camera[J]. Scripta Materialia, 2010(62): 847-850.

[70] Jiang W H, Jiang F, Liu F X, et al. Temperature dependence of serrated flows in compression in a bulk-metallic glass[J]. Applied Physics Letters, 2006, 89(26): 261909.

[71] Chen H M, Huang J C, Song S X, et al. Flow serration and shear-band propagation in bulk metallic glasses[J]. Applied Physics Letters, 2009, 94(14): 141914.

[72] 任景莉, 陈存. 非晶合金塑性研究中的数学方法[M]. 北京: 清华大学出版社, 2016: 1-158.

[73] Sarmah R, Ananthakrishna G, Sun B A, et al. Hidden order in serrated flow of metallic glasses[J]. Acta Materialia, 2011, 59(11): 4482-4493.

[74] Sun B A, Wang W H. Fractal narure of multiple shear bands in severely deformed metallic glass[J]. Applied Physics Letters, 2011, 98(20): 201902.

[75] Ogata Y. Statistical models for earthquake occurrences and residual analysisfor point processes[J]. Journal of American Statistical Association, 1988, 83(401): 9-27.

[76] Hirata T. Omori's power law aftershock sequences ofmicrofracturing in rock fracture experiment[J]. Journal of GeophysicalResearch, 1987, 92(B7), 6215-6221.

[77] Godano C, Lippiello E, de Arcangelis L. Variability ofthe b value in the Gutenberg-Richter distribution[J]. GeophysicalJournal International, 2014(199): 1765-1771.

[78] Shcherbakov R, Turcotte D L, Rundle J B. Ageneralized Omori's law for earthquake aftershock decay[J]. Geophysical Research Letters, 2004, 31(L11613): 1-5.

[79] Cheng Y Q, Han Z, Li Y, et al. Cold versus hot shear banding in bulk metallic glass[J]. Physical Review B, 2009, 80(13): 134115

[80] Antonaglia J, Xie X, Schwarz G, et al. Tuned critical avalanche scaling in bulk metallic glasses[J]. Scientific Reports, 2014(4): 4382.

[81] Qiao J W, Zhang Y, Liaw P K. Serrated flow kinetics in a Zr-based bulk metallic glass[J]. Intermetallics, 2010, 18(11): 2057-2064.

[82] Sethna J P, Dahmen K A. Myers C R. Crackling noise[J]. Nature, 2001(410): 242-250.

[83] Niiyama T, Shimokawa T. Atomistic mechanisms of intermittent plasticity in metals: dislocation avalanches and defect cluster pinning[J]. Physical Review E, 2015, 91(2): 22401.

[84] Koslowski M, LeSar R, Thomson R. Avalanches and scaling in plastic deformation[J]. Physical Review Letters, 2004, 93(12): 125502.

[85] Bak P, Tang C, Wiesenfeld K. Self-organized criticality: An explanation of the 1/f noise[J]. Physical Review Letters, 1987, 59(4): 381-384.

[86] [丹麦]帕·巴克. 大自然如何工作[M]. 李炜，蔡勖，译. 武汉：华中师

范大学出版社, 2008: 1-205.

[87] Dahmen K A, Ertas D. Gutenberg-Richter and characteristic earthquake behavior in simple mean-field models of heterogeneous faults[J]. Physical Review E, 1998, 58(2): 1494-1501.

[88] Dahmen K A, Ben-Zion Y, Uhl J T. Micromechanical model for deformation in solids with universal predictions for stress-strain curves and slip avalanches[J]. Physical Review Letters, 2009, 102(17): 175501.

[89] Li J J, Wang Z, Qiao J W. Power-law scaling between mean stress drops and strain rates in bulk metallic glasses[J]. Materials & Design, 2016(99): 427-432.

[90] Sun B A, Pauly S, Hu J, et al. Origin of intermittent plastic flow and instability of shear band sliding in bulk metallic glasses[J]. Physical Review Letters, 2013, 110(22): 225501.

[91] Chen W, Foster A S, Alava M J, et al. Stick-slip control nanoscale boundary lubrication by surface wettability[J]. Physcial Review Letters, 2015, 114(9): 95502.

[92] Klaumünzer D, Maass R, Löffler J F. Stick-slip dynamics and recent insights into shear banding in metallic glasses[J]. Journal of Materials Research, 2011, 26(12): 1453-1463.

[93] Li J J, Qiao J W, Dahmen K A, et al. University of slip avalanches in a ductile Fe-based bulk metallic glasses[J]. Journal of Iron and Steel Research, International, 2017, 21(4): 366-371.

[94] Thurnheer P, Maass R, Laws K J, et al. Dynamic properties of major shear bands in Zr-Cu-Al bulk metallic glasses[J]. Acta Materialia, 2015(96): 428-436.

［95］ Kimura H, Masumoto T. A model of the mechanics of shear-crack propagation in tearing for amorphous metals II. Kinetics of inhomogeneous flow[J]. Philosophical Magazine A, 1981, 44(5): 1021-1030.

［96］ Wang Z, Li J J, Zhang W, et al. The self-organized critical behavior in Pd-based bulk metallic glass[J]. Metals, 2015, 5(3): 1188-1196.

［97］ Uhl J T, Pathak S, Schorlemmer D, et al. Universal quake statistics: From compressed nanocrystals to earthquakes[J]. Scientific Reports, 2015(5): 16493.

［98］ Zhang P, Salman O U, Zhang J Y. Taming intermittent plasticity at small scales[J]. Acta Materialia, 2017(128): 351-364.

[99]Salje E K H, Saxena A, Planes A. Avalanches in functional materials and geophysics[M]. Switzerland: Springer, 2017: 1-298.

［100］ Wright W J, Long A A, Gu X J, et al. Slip statistics for a bulk metallic glass composite reflect its ductility[J]. Journal of Applied Physics, 2018, 124(18): 185101.

［101］ Maass R, Wraith M, Uhl J T, et al. Slip statistics of dislocation avalanches under different loading modes[J]. Physical Review E, 2015, 91(4): 42403.

［102］ Yang F Q. Plastic flow in bulk metallic glasses: Effect of strain rate[J]. Applied Physics Letters, 2007, 91(5): 51922.

［103］ Gao Y F, Yang B, Nieh T G. Thermomechanical instability analysis of inhomogeneous deformation in amorphous alloys[J]. Acta Materialia, 2007, 55(7): 2319-2327.

［104］ Leamy H J, Chen H S, Wang T T. Plastic Flow and Fracture of Metallic Glass[J]. Metallurgical Transactions, 1972(3): 699-708.

[105] Pampillo C A. Flow and fracture in amorphous alloys[J]. Journal of Materials Research, 1975(10): 1194-1227.

[106] Song Y, Xie X, Luo J J, et al. Seeing the unseen: uncover the bulk heterogeneous deformation processes in metallic glasses through surface temperature decoding[J]. Materials Today, 2017 20(1): 9-15.

[107] Xie X, Lo Y, Tong Y, et al. Origin of serrated flow in bulk metallic glasses[J]. Journal of the Mechanics and Physics of Solids, 2019(124): 634-642.

[108] Yang B, Liu C T, Nieh T G, et al. Localized heating and fracture criterion for bulk metallic glasses[J]. Journal of Materials Research, 2006, 21(4): 915-922.

[109] Jiang W H, Liu F X, Liaw P K. Shear strain in a shear band of a bulk-metallic glass in compression[J]. Applied Physics Letters, 2007, 90(18): 181903.

[110] Li J J, Fan J F, Wang Z, et al. Temperature rises during strain-rate dependent avalanches in bulk metallic glasses[J]. Intermetallics, 2020 (116): 106637.

[111] Küchemann S, Wagner H, Schwabe M, et al. Stored mechanical work in inhomogeneous deformation processes of a Pd-Based bulk metallic glass[J]. Metallurgical and Materials Transactions A, 2013, 45(5): 2389-2392.

[112] Homer E R. Examining the initial stages of shear localization in amorphous metals[J]. Acta Materialia, 2014(63): 44-53.

[113] Denisov D V, Lorincz K A, Wright W J, et al. Universal slip dynamics in metallic glasses and granular matter-linking frictional weakening with inertial effects[J]. Scientific Reports, 2017(7): 43376.

[114] Cao P H, Dahmen K A, Kushima A, et al. Nanomechanics of slip avalanches in amorphous plasticity[J]. Journal of the Mechanics and Physics of Solids, 2018(114): 158-171.

[115] Wright W J, Samale M W, Hufnagel T C, et al. Studies of shear band velocity using patially and temporally resolved measurements of strain during quasistatic compression of a bulk metallic glass[J]. Acta Materialia, 2009, 57(16): 4639-4648.

[116] Vinogradov A, Lazarev A, Louzguine-Luzgin D V, et al. Propagation of shear bands in metallic glasses and transition from serrated to non-serrated plastic flow at low temperatures[J]. Acta Materialia, 2010, 58(20): 6736-6743.

[117] Maass R, Klaumünzer D, Löffler J F. Propagation dynamics of individual shear bands during inhomogeneous flow in a Zr-based bulk metallic glass[J]. Acta Materialia, 2011, 59(8): 3205-3213.

[118] Wright W J, Byer R R, Gu X J. High-speed imaging of a bulk metallic glass during uniaxial compression[J]. Applied Physics Letters, 2013, 102(24): 241920.

[119] Dahmen K A. Nonlinear dynamics: Universal clues in noisy skews[J]. Narure Physics, 2005(11): 13-14.

[120] Shrivastav G P, Chaudhuri P, Horbach J. Yielding of glass under shear: A directed percolation transition precedes shear-band formation[J]. Physical Review E, 2016, 94(4-1): 42605.

[121] Cao A J, Cheng Y Q, Ma E. Structural processes that initiate shear localization in metallic glass[J]. Acta Materialia, 2009, 57(17): 5146-5155.

［122］ Liu C, Roddatis V, Kenesei P, et al. Shear-band thickness and shear-band cavities in a Zr-based metallic glass[J]. Acta Materialia, 2017(140): 206-216.

［123］ Carshaw H S, Jaeger J G. Conduction of heat in solids[M]. Oxford: Clarendon Press, 1959: 1-510.

［124］ Wang J G, Ke H B, Pan Y, et al. Ideal shear banding in metallic glass[J]. Philosophical Magazine, 2016(96): 3159-3176.

［125］ Qiao J W, Jia H L, Zhang Y, et al. Multi-step shear banding for bulk metallic glasses at ambient and cryogenic temperatures[J]. Materials Chemistry and Physics, 2012, 136(1): 75-79.

［126］ Yang B, Liaw P K, Wang G, et al. In-situ thermographic observation of mechanical damage in bulk-metallic glasses during fatigue and tensile experiments[J]. Intermetallics, 2004, 12(10-11): 1265-1274.

［127］ Louzguine-Luzgin D V, Zadorozhnyy V Y, Chen N, et al. Evidence of the existence of two deformation stages in bulk metallic glasses[J]. Journal of Non-Crystalline Solids, 2014(396-397): 20-24.

［128］ Das A, Kagebein P, Küchemann S, et al. Temperature rise from fracture in a Zr-based metallic glass[J]. Applied Physics Letters, 2018, 112(26): 261905.

［129］ Jiang W H, Liao H H, Liu F X, et al. Rate-dependent temperature increases in shear bands of a bulk-metallic glass[J]. Metallurgical and Materials Transactions A, 2008, 39(8): 1822-1830.

［130］ Wang G Y, Feng Q M, Yang B, et al. Thermographic studies of temperature evolutions in bulk metallic glasses: An overview[J]. Intermetallics, 2012(30): 1-11.

[131] 李娇娇，范婧，王重. 非晶合金中剪切温升的研究进展 [J]. 材料导报，2024，38（8）：22050070.

[132] Ketov S V, Louzguine-Luzgin D V. Localized shear deformation and softening of bulk metallic glass: stress or temperature driven?[J]. Scientific Reports, 2013(3): 2798.

[133] Klaumuenzer D, Maass R, Torre F H D, et al. Temperature-dependent shear band dynamics in a Zr-based bulk metallic glass[J]. Applied Physics Letters, 2010, 96(6): 61901.

[134] Maass R. Beyond Serrated Flow in Bulk Metallic Glasses: What Comes Next?[J]. Metallurgical and Materials Transactions A, 2020, 51(11): 5597-5605.

[135] Thurnheer P, Maass R, Löffler J F. Compositional dependence of shear-band dynamics in the Zr-Cu-Al bulk metallic glass system[J]. Applied Physics Letters, 2014, 104(10): 101910.

[136] Yu H B, Shen X, Wang Z, et al. Tensile plsticity in metallic glasses with pronounced β relaxations[J]. Physical Review Letters, 2012, 108(1): 15504.

[137] Yu H B, Wang W H, Samwer K. The β relaxation in metallic glasses: an overview[J]. Materials Today, 2013, 16(5): 183-191.

[138] Qiao J C, Wang Q, Crespo D, et al. Secondary relaxation and dynamic heterogeneity in metallic glasses: A brief review[J]. Chinese Physics B, 2017, 26(1): 16402.

[139] Di S Y, Ke H B, Wang Q Q, et al. Large tensile plasticity induced by pronounced b-relaxation in Fe-based metallic glass via cryogenic thermal cycling[J]. Materials & Design, 2022(222): 111074.

[140] Yuan X, Opu D, Spieckermann F, et al. Maximizing the degree of rejuvenation in metallic glasses[J]. Scripta Materialia, 2022(212): 114575.

[141] Zhang L T, Wang Y J, Yang Y, et al. The anelastic origin of mechanical cycling induced rejuvenation in the metallic glass[J]. 中国科学：物理学、力学、天文学英文版, 2023, 66(8): 286111.

[142] Zhang L T, Wang Y J, Yang Y, et al. Training β relaxation to rejuvenate metallic glasses[J]. Journal of Materials Science & Technology, 2023(158): 53-62.

[143] Qiao J C, Liu X D, Wang Q, et al. Fast secondary relaxation and plasticity initiation in metallic glasses[J]. National Science Review, 2018, 5(5): 616-618.

[144] Rodney D, Schuh C. Distribution of thermally activated plastic events in a flowing glass[J]. Physical Review Letters, 2009(102): 235503.

[145] Shang B S, Guan P F, Barrat J L. Role of thermal expansion heterogeneity in the cryogenic rejuvenation of metallic glasses[J]. Journal of Physics: Materials, 2018, 1(1): 15001.

[146] Guo W, Yamada R, Saida J L. Rejuvenation and plasticization of metallic glass by deep cryogenic cycling treatment[J]. Intermetallics, 2018(93): 141-147.

[147] Guo W, Yamada R, Saida J L, et al. Thermal rejuvenation of a heterogeneous metallic glass[J]. Journal of Non-Crystalline Solids, 2018(498): 8-13.

[148] Pan J, Wang Y X, Guo Q, et al. Extreme rejuvenation and softening in a bulk metallic glass[J]. Nature Communications, 2018, 9(1): 560.

[149] Pan D, Inoue A, Sakurai T, et al. Experimental characterization of shear transformation zones for plastic flow of bulk metallic glasses[J].

Proceedings of the National Academy of Sciences, 2008, 105(39): 14769.

［150］ Ding G, Li C, Zaccone A, et al. Ultrafast extreme rejuvenation of metallic glasses by shock compression[J]. Science Advances, 2019(5): 6249.

［151］ 蒋敏强, 高洋. 金属玻璃的结构年轻化及其对力学行为的影响[J]. 金属学报, 2021, 57(4): 425-438.

［152］ Ketov S V, Sun Y H, Nachum S, et al. Rejuvenation of metallic glasses by non-affine thermal strain[J]. Nature, 2015, 524(7564): 200-203.

［153］ Asadi Khanouki M T, Tavakoli R, Aashuri H. Effect of the strain rate on the intermediate temperature brittleness in Zr-based bulk metallic glasses[J]. Journal of Non-Crystalline Solids, 2017(475): 172-178.

［154］ Saida J, Yamada R, Wakeda M, et al. Thermal rejuvenation in metallic glass[J]. Science and Technology of Advanced Materials, 2017, 18(1): 152-162.

［155］ Ketov S V, Trifonov A S, Ivanov Y P, et al. On cryothermal cycling as a method for inducing structural changes in metallic glasses[J]. NPG Asia Materials, 2018(10): 137-145.

［156］ Das A, Dufresne E M, Maass R. Structural dynamics and rejuvenation during cryogenic cycling in a Zr-based metallic glass[J]. Acta Materilia, 2020(196): 723-732.

［157］ Tao K, Qiao J C, He Q F, et al. Revealing the structural heterogeneity of metallic glass: Mechanical spectroscopy and nanoindentation experiments[J]. International Journal of Mechanical Sciences, 2021(201): 106469.

［158］ Zhu Q Y, Zhang M, Jin X, et al. Effect of deep cryogenic cycling treatment on shear transformation zone volume and size of Zr¯based metallic glass[J]. Journal of Materials Research, 2021, 36(10): 2047-

2055.

［159］ Amigo N. Cryogenic thermal cycling rejuvenation in metallic glasses: Structural and mechanical assessment[J]. Journal of Non-Crystalline Solids, 2022(596): 121850.

［160］ Ding G, Jiang F, Song X, et al. Unraveling the threshold stress of structural rejuvenation of metallic glasses via thermo-mechanical creep[J]. Science China Physics, Mechanics & Astronomy, 2022, 65(5): 264613.

［161］ Dong F Y, Chu Y X, Zhang Y, et al. Manipulating internal flow units toward favorable plasticity in Zr-based bulk-metallic glasses by hydrogenation[J]. Journal of Materials Science & Technology, 2022 (102): 36-45.

［162］ Gao Y, Yang C, Ding G, et al. Structural rejuvenation of a well-aged metallic glass[J]. Foundametal Research, 2022(12): 4.

［163］ Meng Y H, Zhang S Y, Zhou W H, et al. Rejuvenation by enthalpy relaxation in metallic glasses[J]. Acta Materialia, 2022(241): 118376.

［164］ Spieckermann F, Şopu D, Soprunyuk V, et al. Structure-dynamics relationships in cryogenically deformed bulk metallic glass[J]. Nature Communications, 2022, 13(1): 27661-27662.

［165］ Yuan X, Şopu D, Spieckermann F, et al. Maximizing the degree of rejuvenation in metallic glasses[J]. Scripta Materialia, 2022(212): 114575.

［166］ Li S, Lin W H, Sha Z D. A criterion of rejuvenation of metallic glasses based on chemical composition[J]. Materials Letters, 2023(334): 133755.

［167］ Wang Z Z, Huang P, Fan X L, et al. Heterogeneity dependent cryogenic thermal cycling behavior of metallic glasses: A potential energy landscape perspective[J]. Intermetallics, 2023(159): 107935.

[168] Liao G K, Long Z L, Zhao M S Z, et al. Nanoindentation study on the characteristic of shear transformation zone in a Pd-based bulk metallic glass during serrated flow[J]. Physica B: Condensed Matter, 2018(534): 163-168.

[169] Ma Y, Peng G J, Debela T T, et al. Nanoindentation study on the characteristic of shear transformation zone volume in metallic glassy films[J]. Scripta Materilia, 2015(108): 52-55.

[170] Zhang H, Wang Z, Liaw P K, et al. A criterion of the critical threshold of the maximum shear stress in bulk metallic glasses with cryogenic thermal cycling by statistics in nanoindentation[J]. Materials Science & Engineering A, 2023(873): 145031.

[171] SchuhC A, LundA C. Application of nucleation theory to the rate dependence of incipient plasticity during nanoindentation[J]. Journal of MaterialsResearch, 2004(19): 2152-2158.

[172] Qiao J W, Wang Z, Jiao Z M, et al. Predicting burst sizes in amorphous alloys during plastic flows[J]. Materials Science & Engineering A, 2014(609): 222-225.

[173] Long A A, Wright W J, Gu X J, et al. Experimental evidence that shear bands in metallic glasses nucleate like cracks[J]. Scientific Reports, 2022, 12(1): 18499.

[174] Ke H B, Sun B A, Liu C T, et al. Effect of size and base-element on the jerky flow dynamics in metallic glass[J]. Acta Materialia, 2014(63): 180-190.

[175] Sopu D, Stukowski A, Stoica M, et al. Atomic-level processes of shear

band nucleation in metallic glasses[J]. Physical Review Letters, 2017, 119(19): 195503.

[176] Li J J, Liu Y, Zhao W, et al. Slip statistics for a bulk metallic glass treated by cryogenic thermal cycling reflect its optimized plasticity[J]. Metals, 2024, 14: 731.

[177] Murali P, Guo T F, Zhang Y W, et al. Atomic scale fluctuations govern brittle fracture and cavitation behavior in metallic glasses[J]. Physical Review Letters, 2011, 107(21): 215501.

[178] Sparks G, Maass R. Effects of orientation and pre-deformation on velocity profiles of dislocation avalanches in gold microcrystals[J]. The European Physical Journal B, 2019, 92(15): 1-12.

[179] Wang Z, Li J J, Yuan B, et al. Serration behavior in Pd77.5Cu6Si16.5 alloy[J]. Metals, 2016, 6(8): 191.

[180] Dyskin A V, Pasternak E. Residual strain mechanism of aftershocks and exponents of the modified Omori's law[J]. Journal of Geophysical Research: Solid Earth, 2019(124): 175-194.